我的解剖人生

與死亡為伍的生之體驗

Past Mortems

Life and Death Behind Mortuary Doors

Carla Valentine
卡拉・華倫坦
——著

葉旻臻
——譯

獻給瓊尼。

至死不渝。

目錄

前言

我在一座小城長大，童年時，在路邊看見被輾斃的動物是家常便飯。通常看到的都是野生動物，例如鳥、松鼠、老鼠，甚至還有奇怪的刺蝟。但有時也會出現體型較大的動物，以及顯然曾經受人珍愛的寵物，例如貓咪，或是逃離籠子或園圃以後被車撞上的兔子，十分哀傷地應驗了「才跳出油鍋，又落入火坑」這句俗諺。

現在的我已經很少看見那樣的景象了。就像卡士達和擦傷的膝蓋一樣，我人生中所見的路死動物，大部分都出現在我的年齡達到二位數以前。然而，儘管路死動物當時如此常見，其中還是有一樁事件令我格外印象深刻。

那是一隻貓，出現在馬路上柏油與路緣交接的邊界。和大多數的路死動物（被壓得扁平，證明了生命苦短的本質）不同，那隻貓相對十分完整，我還希望牠或許仍活著呢。靠近一觀察，牠受的外傷主要局限在頭部。牠的一隻眼睛閉起，稍微沾黏了乾涸的血；另一隻眼睛像早期《樂一通》（*Looney Tunes*）卡通裡一樣大大張開、彈出眼窩，彷彿看見了什麼令牠警覺的東西。牠應該是真的看見了：那輛朝牠加速衝來的車子。

假如牠還活著，我應該可以救牠吧。所以我從旁拿了根棍子，戳戳牠的胸前。令我吃驚的是，有一顆小小的血泡像氣球一樣從牠的一邊鼻孔裡冒出來，膨脹到跟彈珠一樣大，然後「啵」一聲破掉了！雖然還有片刻懷抱希望，但我意識到那隻貓已經沒了性命。即使在那麼小的年紀，我也了解，那只是殘餘的氣體變成血泡、流出肺臟，而我什麼忙也幫不了牠。

真的嗎？

除了我在電視上看到、在書上讀到的東西以外，我對於和死亡相關的面向沒有任何經驗可供參考，但我心想，即使我在這隻斷頭貓咪的生前對牠無能為力，也許在牠死後還是能幫牠做些什麼吧？二十分鐘之內，我一一敲了附近朋友家的門，或打電話給他們（那可是遠在小孩普遍擁有手機的時代以前），召集了八個人來參加葬禮。我們把那隻貓移到我家的花園，在那裡挖了個墓穴把貓埋了，說幾句悼詞，還輪流在牠毫無生氣的屍體上撒一把泥土——就跟電視上的人做的一樣。

在妥善料理了那隻可憐的小動物以後，我感覺好多了。我知道他或她身在一個安全的地方，稍後我用兩根棒棒糖棍做成十字架，標示了那個地點。

從我臥室窗外望出去的景觀中，那隻貓持續提醒著我，生命的道路有時難行，而不管在職業上或儀式上，知道該如何面對死亡，對人是很有幫助的。我就是這樣開始產生了使命感。

為了保護我職業生涯中的同事與病人的隱私，本書中的人名和身分資料經過改動，諸多情節與對話也是從不同事件中取材、重新改寫。然而，這些都是真人真事。我也想藉這個機會，感謝那些陪我一起埋葬貓咪、找到我人生道路的朋友，以及我之後遇見的那些人，他們為我指引方向，帶我走過死亡的道路。

序篇　第一次操刀

厭食症。牙醫。

我從來沒有看過這兩個詞前後相連寫在一起，但這會兒，這兩個字就用暈糊的黑色墨水寫在 97A 表格上：

「厭食症牙醫。」

我一邊細讀其他文件，一面啜飲咖啡，享受著早晨中的這段時光：暴風雨前的寧靜。這所停屍間的資深技術員傑森，正捧著一杯茶、弓背閱讀最新一期的《世界新聞》（*News of the World*）。他這個老鳥已經見過大風大浪，比起我們當日收到的案件資訊，他對影集《東區人》（*EastEnders*）的劇情或最近的足球賽得分還比較感興趣。

97A 是地方驗屍官辦公室傳真給停屍間的表格，同時要求並准許對死者進行解剖驗屍。雖然這類表格在不同地區有不同的名稱，但有一點在全英國都是一樣的，就是解剖驗屍必須經由驗屍官的准許方可執行。只有在蘇格蘭是由地方檢察官

（Procurator Fiscal）給予許可。

拜那些從美國飄洋過海而來的電視劇和犯罪主題書籍所賜，英國驗屍官所扮演的角色經常受到誤解。在美國，雖然各州狀況有所不同，但驗屍官就是我們所謂的病理學家的別稱，也就是執行解剖驗屍的醫師。

美國的驗屍官以民選方式產生，在比較小的州甚至是由當地的禮儀師或是家醫科醫師擔任。但在英國，驗屍官是獨立的司法官員，由地方政府任命，負責「監看」地區內的所有死亡事件。他們必須是合格的大律師或事務律師，有些人同時具有醫學學位。驗屍官一詞源於「死因裁判官」，這是一項從西元一一九四年起就已正式在英國出現的官職。

死因裁判官的職掌有兩項：一是監管轄區中的死亡事件，二是接受關於無主財物的通報。財物可能是由某個幸運的平民發現，死因裁判官必須決定是否要依「誰找到就是誰的」原則處理，或裁決另屬他人所有。這也表示，我們的驗屍官有時肩負特殊職責，必須針對花園裡埋藏的塵封舊物或古錢幣進行調查，將之宣判為「無主埋藏物」；或是將所有權不明的貴重物品判定為王室財產（一九九六年起，這條法律稱為「寶藏法案」）。

基本上，不管你在院子裡挖出什麼東西，叫驗屍官來就對了。我總是把他們想像成身穿西裝、手拿筆記本和手機的死神，對轄區裡的所有死亡事件消息靈通，將相關人士像棋盤上的棋子一樣移來移去，包括警察、病理學家、驗屍官辦公室職員、停屍間工作人員等等，然後展開調查。

你應該懂了，英國的驗屍官並不親自執行解剖驗屍，他們只負責依據各種法律條件考量決定何時需要執行，簽署文件表明要求，然後就看著棋局開展。實際執行驗屍或屍檢（這兩個名詞可以混用）的是病理學家，和我們這些從旁協助的解剖病理學技術員。

那麼，在英國，死者接受法醫驗屍的條件是什麼呢？基本上，如果你同時符合以下兩種情形，就不需要接受驗屍：一是你在死亡前兩個星期內曾經就醫。以及，醫師已知死亡原因係屬自然。

住院病人通常不需要驗屍官進行相驗，因為在他們住院期間，可能就已經每天都在接受醫師診察了。療養院或類似機構的住戶也一樣。可是除此之外，幾乎每個人都需要驗屍，例如在健身房跑步機上跑步時昏死的男人、在公車站突然倒下的女子，或是公園裡的無名遺骸在十分老套而尋常的情境下被蹓狗的人發現。這些都會成為附近地區送交到停屍間來的案件。

其實，也可能有高齡八十歲的人雖然是在睡夢中去世，卻由於過去兩週內沒有看過醫生，因而還是需要驗屍。「年老體衰」已不再是慣常寫在死亡證明上的死因，這有一部分要歸功於哈洛·席普曼（Harold Shipman），他是一個惡名昭彰的連續殺人犯，被害人多半是領年金的老人。他在一九九九年受審以後，有超過二百五十名受害者的死亡被歸責於他，這造成了家醫科和死亡證明作業文化上的轉變，同時也大幅提升了對於法醫驗屍的需求。

我們的97A表格約莫在早上八點半傳來，伴隨一陣「嗶嗶」、「吱吱」、「咻咻」一聲，從古老的傳真機口中吐出，掉到這小小停屍間辦公室的地板上。頁面上有一些關於死者的細節資料、案件的明顯特徵，以及負責此案的驗屍官在死亡時間後幾個小時內已經有的一切發現。有時候是一落又一落難以辨識的內容，特別是資料裡面包含病歷時。資料中可能有過往病史、先前的用藥紀錄、屍體被發現的時間與地點、死者的家庭成員、體檢圖表、身高體重，甚至記載此人生前喝茶喜不喜歡加糖。在某些案例中，也可能只有像這樣的寥寥數語：

厭食症牙醫

四十五歲

臥床兩週
狗娘養的

「該死的，說得真難聽！」我對傑森說，音量大到讓他差點打翻了看也沒看就舉到嘴邊的杯子。

「怎麼啦，蜜糖？」他問。他的目光離開報紙轉向我。他總是叫我「蜜糖」，我並不介意。他高大壯碩、滿布刺青的外形之下，有著溫柔而富保護欲的本性。

「這可憐的傢伙都死了，他們還叫他『狗娘養的』！」

我跺著腳橫越辦公室，將那份 97A 表格拿到他困惑的臉龐前甩動。他攔住我的狂揮亂舞，仔細地看一看內容，然後，在沉默片刻與疑惑的表情後縱聲大笑。他寬大的肩膀上下起伏，臉色發紅，甚至還擦了擦眼淚。

「狗娘養的？」他重複說了好幾次，他的笑聲讓這幾個字模糊不清。他冷靜下來以後，我發現了原因為何。剛才被我解讀成那樣的表格上寫的其實是：

厭食症牙醫
四十五歲

臥床兩週

S.O.B

S.O.B 代表的是「呼吸困難」（short of breath）。

難怪傑森狂笑得歇斯底里。我如果還想在這一行混出名堂，就得趕快熟悉這些縮寫才行。

既然當天只有這麼一件 97A 案件，也就代表今天只會有一次驗屍，也就是所謂的 PM（又是個縮寫——你也得快快習慣才好），傑森說我今天要來首度嘗試親手在死者身上動刀。身為 APT 訓練生（解剖病理學技術員），這就是我學習剜除術的第一階段。剜除術這個醫學名詞指的是移除器官，聽起來比「開膛剖肚」好上那麼一點點。

雖然我只是訓練生，但現在也已經學會了點基礎工作——文件作業、簽收新屍體、安排遺體瞻仰、摘除難纏的首飾和假牙這類小手術。不過，現在該開始正式訓練了。我就要第一次全程操刀解剖死者了。我真的求之不得，興奮至極，但在此同時卻也誠惶誠恐。我想做這份工作想了好久，但在即將縱身躍進的此刻，我突然喪失了自信。要是我搞砸了怎麼辦？要是我對此根本毫不擅長，我的一生都是個謊言，又該怎麼辦？如果沒有先拿尺畫線，我連割紙都割不直，我要怎麼筆直**切開皮膚**呢？而且我完完全全、徹徹底底無法縫紉任何一種布料，我又要怎麼把一個人重新縫好？由於我求學期間對紙類或布類手工藝都毫無興趣，想到要把那些生疏的技術應用在人類身上，我就嚇壞了。

為了讓自己冷靜下來，我決定專注在我熟知的事務上，那些我每天早上七點半到班後例行辦理的事項。我意識到，僅僅幾個禮拜以前，我也不知道怎麼處理那些事。我學得很快，我得別再緊張了。每個人都有起點。

於是我接下重任。我走進狹小明亮的驗屍室，戴上乳膠手套，習慣性地做了個深呼吸，傑森跟在一旁觀察。我比對門上的名字，在冰櫃裡找到了厭食症牙醫的屍袋（冰櫃也稱作「控溫儲藏設施」，但為了避免出現更多縮寫，我們就叫它「冰櫃」吧。）輕輕地把他的擔架拉出來，移到起重推車上。然後我遲疑了，覺得自己犯了錯。擔架輕得像是裡面根本沒有人。

然而，經過更仔細的觀察，我可以看出頭頂的曲線緊貼著白色的塑膠袋，以及再往下一大段的地方有個更尖銳的端點，看起來可能是彎曲的膝蓋。確定了他真的在屍袋裡，我心滿意足，再深呼吸一次，將推車轉了一百八十度，以便將擔架移到驗屍間牆壁延伸出的不鏽鋼底座上。這個設備讓死者在冰櫃裡躺的擔架也可以變成解剖時用的病床，由底座堅固的鋼製支架環抱住。通常這個複雜的手續可以安然無恙地完成，只要旋轉的推車輕輕一滑，就會隨著一道壓低的機械運轉聲，把擔架降下放到定位。

這回卻不然。

我稍早的焦慮，加上傑森在我身邊的專心注視，讓我緊張過頭。金屬與金屬大聲碰撞，我以幾吋之差錯過了旋轉的位置，讓推車直接撞上底座支架。這並不會傷到死者，也不會損壞設備，只是打擊了我的自尊心，我越來越覺得在今天告一段落以前，我的自尊心也會需要接受驗屍——死因是大範圍的瘀傷。

「別擔心，蜜糖，我們也老是這樣，」傑森安撫我，「這驗屍間真的很小。」我沒想到他會對我抱有如此巨大的耐心。特別是有時候，身為新人，我覺得自己真是蠢上加蠢，簡直在搞笑。

還好沒造成什麼實質的損害，我終於把放著屍袋的擔架移到定位，慢慢地拉開拉鍊。傑森讓我自行處理整個程序，就像他根本不在場一樣，在這個情況下真是個很不錯的安排。一般而言，病人需要由兩個 APT 從屍袋裡取出來，動作手續經過充分演練、細心編排，雖然看起來並不如此費事。步驟包括先把死者推到一側，利用腿和手臂當成槓桿和支點，這樣就可以在那一側讓塑膠袋滑到遺體下方。接著要在另一側完整重複一次相同步驟，然後就可以輕輕把屍袋拉走，摺好放到一旁。不過，這個男人實在太瘦，我可以獨力搬動他，而且只用一隻手，另一隻手同時去打理屍袋，簡單得像是舉起嬰兒的腳、把要換掉的尿布從他屁股下面抽走。我全神貫注地小心移動他，並且一次次深呼吸，讓自己鎮定下來。

然後我好好地看了看他。

我從沒見過這樣的景象：他形似一截糾結慘白的枯枝，長了幾根向外伸展的枝幹，還有毛髮密布的樹皮。我從正面可以清楚看見他單薄皮肉下骨盆的形狀，而當我輕輕把他朝遠離我的方向翻過去以檢查他的背後時，他尾椎（或稱薦骨和尾骨）上的每一道凹槽也都清晰可見。在他生命中最後臥床不起的那幾個星期中，他的骨頭推擠著薄如紙張的皮膚，彷彿就要穿透而出，在那些部位形成了嚴重的褥瘡。瘡口外觀深紅、濕潤，遭到感染的部分呈黃綠色，蓄積著膿液。看到這副慘狀，想像出的痛楚反射性地席捲我，突如其來得讓我有那麼一秒無法呼吸、感覺暈頭轉向。

他蓄長髮，髮色很深，近乎純黑，髮絲在他頭部和上背某些部分骯髒糾結，在其他地方則狂野散亂。他的指甲過長，顏色發黃，再考慮到他頭髮的狀況和消瘦的身軀，看起來他的問題不只是厭食症。這頗讓我想到霍華・休斯①，以及其他有心理問題的隱居者，不知道這位牙醫遭逢的是否也是同樣的命運。

但我不能光站在那兒空想，因為傑森遞給我一個夾著表單的夾板，提醒我還有工作要做。我用這份表單來記錄這名男子的外觀：空洞凹陷的頰骨、糾結的頭髮、褥瘡，以及其他。我盡量能記多少就記多少，記下每顆痣、每條皺紋、每個不知道是胎記還是沾到泥土的斑塊。我這麼做出於兩個原因。一方面，這是我第一次獨力進行外觀檢查，所以不想遺漏任何細節，以免在不久後就會抵達的病理學家眼中顯得無能；另一方面，檢查做得越久，就越能推遲我必須劃下那令人驚恐的第一刀的時刻。

傑森看穿了我的心思，當我像饑餓的禿鷹在屍體旁繞第三圈時，他受夠了。「妳不用把他陰囊上每條皺紋都記錄下來，蜜糖。」他說著遞給我一把PM40，那是解剖時主要使用的手術刀。

時候到了。

我傾身到病人上方，試圖專注於他脖子和鎖骨的自然曲線，那裡就是我要下刀的位置。但是我只看得見頂燈的刺眼光線反射在刀鋒上，宛如閃光燈，我的手顫抖不

①譯注：霍華．休斯（Howard Robard Hughes，1905-1976），美國商業大亨，晚年隱居墨西哥足不出戶，有強迫症及藥癮問題。由於鬍髮和指甲長期未經修剪，且體重嚴重過輕，去世時的外觀和過往公開露面時差異極大，遺體需經由指紋鑑定確認身分。

已。就在這時，頂燈讓我想起了另一件事，我再次分心了。（懂我的意思吧，可憐的傑森真的很有耐心）小時候，我和最要好的朋友珍恩會幫對方化妝，就像許多小女孩玩的遊戲一樣。那一刻我突然回想起，多年以前，我仰躺著，雙眼緊閉，上方的燈光照在我眼皮上感覺很溫暖，珍恩幫我上妝時，我感覺著毛刷在皮膚上的輕柔撫觸，心裡想：「屍體的感覺就是這樣吧。」——這種想像恐怕跟大部分的小女孩不太一樣。我尤其會聯想到在電視或電影裡看到的場景，死者在葬儀社裡接受「美化」，等待他們的大日子。

說句公道話，這是因為我剛看了《小鬼初戀》這部一九九一年由麥考利．克金主演的淒美電影。丹．艾克洛在片中飾演一位禮儀師，雇用了活潑的潔米．李．寇蒂絲來為死者化妝。她讓這份差事顯得如此好玩有趣、甚至光輝閃耀，讓我留下了某種正面印象。雖然電影的結尾就沒有那麼正面了，時至今日，我看到變色寶石戒指和柳樹的時候，還是感覺深受創傷②。

我心裡浮現扮演屍體的自己感受著化妝刷具的溫柔碰觸，突然間，我也開始想像，這位厭食症牙醫感覺得到**我**。不是感覺到我的觸摸，而是我的極度緊張與遲疑。我很確定，他不會想要一個一頭金髮、舉棋不定的新手像壽司師傅一樣在他身上揮刀。於是我堅定地告訴自己，「卡拉，繼續工作。」

我照辦了。

我已經多次旁觀技術人員進行這項解剖，我自己也執行得近乎完美。我從右耳後方開始，將手術刀滑進他的頸側，微微調整角度，一路越過鎖骨，在胸骨處形成V字。銳利的鋼刃像切奶油一樣毫不費力地割開皮膚。我在左半邊重複一次動作，因為用右手，角度稍微不自然。我碰到V字的頂點時，再用手術刀劃出一條直線連到腹部，恰恰好繞過肚臍。我在恥骨處猝然停手，完成一個整齊的Y字，「Y字型切口」正是因此得名。皮膚上有一兩處些微的偏移，但我已經遠遠勝過其他任何第一次割開人體的人了，拿著銳利到可以把自己手指切下來的手術刀，仍然一點也沒有失手。話說回來，這件事的美妙之處在於，就算刀痕有點抖動不穩，也要到最後縫合重建的階段才看得出來。我頗感自傲，站在那裡呼出如釋重負的嘆息，花了一段不成比例的時間欣賞自己的手工，直到傑森開口。

「好了，剪刀手艾德華，我們還有接下來的驗屍要做。」

---

②注：如果你沒看過《小鬼初戀》，我強力推薦這部電影，不只是因為這部電影超棒，更因為以上幾句話得要看過這部片的人才會懂。

＊＊＊

我的下一步訓練是收起手術刀，在剩餘的程序中觀察傑森的示範。驗屍技術人員通常分階段學習剜除術，就像學開車一樣。你不會在第一堂駕駛課就上車啟動引擎，然後進行路邊停車和五段式迴轉，驗屍也是相同的道理，得按部就班地來。

胸部的切口一旦完成、胸骨也移除以後，可以用幾種不同的方法有系統地將器官取出，以供檢驗。最常見的方法咸稱為羅奇坦斯基法（RoKitansky Method），雖然實際上的發明者是莫里斯・勒圖耶（Maurice Letulle），也叫作**集體**手術。顧名思義，是將器官整批移出。這個方法在我職業生涯中進行解剖的大多數時候都會用到，所以我仔細小心地看著傑森操作。

首先是探測，他用未持刀的手分別觸摸左右肺臟背後，檢查是否有黏著：有時候局部肺臟會黏在胸腔壁上。最好的狀況是，粉紅濕潤的肺臟和體腔內部沒有沾黏，經過簡短的精巧手法處理——像挖冰淇淋的動作——就會隨著一聲輕輕的、濕濕的「啪」聲落回原位。確認肺的狀況以後，他接著對付腸子，這滑溜、捲曲的長長器官會被整條取出，留待稍後檢驗，因為在判定死因的時候，它在所有器官的位階中並不是最重要的。取出腸子得以讓擁擠的體腔內多了迫切需要的空間，於是傑森回到肺臟，用PM40手術刀進行割除，再次藉由挖冰淇淋的動作和脊椎左右的兩道切口，割下器官。他也以同樣的技巧，在胃和肝以下的位置摘除兩顆腎臟及周圍的脂肪，並且割穿隔開胸部與腹部器官的橫膈膜。

接著，他用同一把手術刀在肺臟頂端一劃，俐落地將呼吸道和食道的下部——氣管和食管——與連結咽頭和舌頭的上部（也就是喉嚨）分割開來。然後，他用一隻手將心臟和肺臟從脊椎上拉下，遇到太頑固的筋肉時，就用另一隻手拿的手術刀輕柔地割乾淨。他的動作持續往下探至腹腔。很快地，他手裡就捧了一堆滴著液體的內臟，包含體腔內的大多數器官——胸腔器官（心臟與肺臟）和腹部器官（胃、膽、胰臟、腎臟與肝臟）。

他在一個巨大的不鏽鋼碗裡放下那堆內臟，然後隨著金屬的碰撞聲，將碗放到同一組的鋼架上，等待屍檢醫師取用。接著，他轉向仍在骨盆腔內原位的膀胱。由於死者生前顯然斷絕了飲食，膀胱很小，而且是空的，看起來就像個消了氣的黃色氣球。他摘除了膀胱遞給我，讓我放在解剖臺上。我不知道「捧膀胱」的禮貌作法是怎麼樣的，所以將它移到解剖臺的途中，我把它捏在拇指和食指之間，跟我維持一隻手臂長的距離，像不悅的母親拿著青春期兒子的臭襪子。

傑森的下一個工作階段來到頭部。當剜除程序進行到這裡，我們的病理學家，柯林．詹姆森（Colin Jameson）醫師，開著他的深紅色富豪汽車駕到了。我們透過屍檢室結霜的玻璃窗，看到他的車滑進狹小的停車場，像一個移動中的血紅色污點。我們總是覺得他選擇的車款很有趣，富豪的車款據說是世界上最安全的。這是個刻意的選擇嗎？我們好奇著，檢驗過那麼多道路交通事故受害者，是不是讓他變得神經兮兮？我讓傑森自己繼續進行頭部的工作，卸下PPE（這些縮寫真可愛，這次指的是個人防護裝備[Personal Protective Equipment]），去見詹姆森醫師，看看他開工前需不需要喝杯咖啡。這棟樓實在是個小地方，我脫掉屍檢室的衣服之後進入辦公室，只花了一分鐘，鈴聲正好響起。

這裡剛經過整修，所以儘管空間小，內部設施卻相當現代化。我們單層的屍檢室裡有兩個驗屍工作臺，雖然我後來發現其他許多屍檢室有三個、四個甚或六個，還不包括檢驗嬰兒用的解剖臺。跟大多數的現代化停屍間相同，我們的冷藏室分成左右兩側，中間以建築物本身的一道牆隔開。在乾淨雪白的冰庫門後，死者的頭朝向屍檢室——該方向一般稱為「髒的」或「紅的」那一邊——也就是我今早移出病人的那一側。另一側叫作「交會區」或是「橘的」那一邊，是死者剛從外面被移進來以後放置的地方。

打開那一側的門時，你通常會看到好幾雙蒼白的腳丫列隊歡迎你，但腳趾上並沒有影視作品裡常見的那種吊牌——英國不會像掛行李吊牌一樣在死者身上掛標籤。何況，這個區域是員工專用，死者的家屬親友不會進入。建築物內還有一間員工辦公室、較小的醫師辦公室、等候室，以及一間相連的展示間，設有常見的拉簾，在對死者親屬展示遺體時可以拉開。

英國的大部分停屍間都擁有類似的空間配置，建造時間相去不遠的機構，在格局上更是大同小異。一九五〇到六〇年代，各地地方政府建造了大量的停屍間，從外觀完全看不出用途，都是磚造與混凝土建築，有著銳利的稜角。但這些並不是英國的第一批停屍間，差得遠了呢。根據費雪（Pam Fisher）撰寫的〈死者之屋：一八四三到一八八九年的倫敦停屍間〉一文，對於存放遺體的空間需求最早在十九世紀中期就已受到注意。當時，倫敦人口激增，許多家庭的住屋只有單單一間房間，所以，若是家中有人去世，死者逐漸腐壞的屍體就會和活人共處一室，直到舉行葬禮。因為沒別的地方可以停屍。死者可能會這樣待上一個星期，甚至更久，尤其是貧困的家庭為了葬禮而到處籌錢時。據說這些屍體會致人罹病。當時的新聞報導顯示，有識之士認為倫敦的屍體威脅到活人的性命，最後便創立了「為死者提供即時安置、給予尊重與妥善照顧」的場所，稱作「暫時停屍間」或「死者之屋」。

我打開我們這家「死者之屋」的門，前去答應門鈴聲，令我驚訝的是，門前站的是別人，而不是我們的病理學家，詹姆森醫師這會兒還站在他那輛富豪車子旁邊，往靴子裡找什麼東西。門前站了一位年輕警察，看到我時顯得比我還驚訝——他沉默地瞪大眼睛看著我，臉色有點發白。

「有——什麼——事嗎？」我緩慢而意有所指地問，同時挑起眉毛，嘗試鼓勵他開口說話。這已經不是新鮮事：先前就有人告訴我，第一次造訪停屍間的來客，總預期會在大門嘎吱開啟的時候面對眼神懶散的駝背男子，而不是如喜劇角色瑪莉蓮．蒙斯特（Marilyn Munster）型的嬌小金髮女郎。也許這讓他一時不知所措，但並沒有辦法解釋他為何如此臉色蒼白。我突然開始擔心，我臉上是否沾了一塊人體脂肪、或是一抹血跡，於是我的雙手不由自主地抬到臉頰上擦拭。

他終於找回說話的能力，「這裡是太平間嗎？」

我做了個深呼吸，「不，這裡是停屍間，」我糾正他，難以掩飾自己的不悅。

這裡有個煩人的小問題：「停屍間」（mortuary）字面上的意思就是「停放屍體的地方」（所以又叫「死者之屋」），從一八六五年左右開始，就已有這個辭彙用法。然而，「太平間」（morgue）一詞源於法文動詞 morguer，意思是「嚴肅地觀看」，起源於一八〇〇年代晚期的巴黎，當時死者會被暫置於聖母院的巴黎太平間展示，供當地人前來瞻仰，或是「嚴肅地觀看」。一開始，這是為了讓眾多從賽納河裡撈起的屍體，以及陳屍在市內其他地區的死者能夠得到家人或朋友的指認，不論是透過身體特徵或衣物來辨識。不料這項公開活動竟然大受歡迎，直到太平間在一九〇七年關閉前，每天吸引的訪客多達四萬人。

也許這個比較基準會有幫助：「倫敦眼」在全盛時期，每日的遊客也僅有一萬五千人。我想，當時的巴黎人可能沒什麼事好打發時間吧？儘管「停屍間」和「太平間」可以互通混用，但大多數的英國技術人員都不會在語句中使用後者，雖然它在美國是較普遍的說法。

我以慣常的長篇大論糾正那位年輕的警察之後，他告訴我們，他是在護送一位將死者從家中搬移過來的葬儀社人員。我終於了解他蒼白的臉色所為何來，心裡猜想他所見的場面一定相當淒慘。

「可是，那邊擋了一輛富豪，」他解釋道，「想說應該告訴妳一聲。」

五分鐘後，詹姆森醫師移走了車，跟我、傑森、那位臉色發白的警察、還有葬儀社人員站在一起，檢視我們冰櫃裡的最新「住戶」。他被人發現的過程相當平凡無奇：鄰居開始抱怨有臭味，蒼蠅逐漸聚集，於是警察破門而入。不妙了，因為這代表他離群索居、很長一段時間都沒人發現，也就意味著屍體嚴重的腐敗程度。葬儀社人員抱怨連連，其中一個人特別大聲地表達不滿。

「他不但個子大、腐爛到發綠，」他咕噥道，「更慘的是，他是那種——你們是怎麼說的？——囤積狂！」不過他唸成了「盹積狂」。

「到處都堆滿垃圾，根本到不了他旁邊，」他繼續說，「害我差點把背弄傷，這狗娘養的！」

傑森聞言轉向我，發出咆哮般的笑聲。我還希望病理學家一來，他就會忘了我稍早犯的錯呢。我可沒那麼好運。

「呃，醫師，卡拉今天早上說了什麼，你絕對不敢相信！」他吃吃笑道，就在同一刻，那個男人的屍袋爆開來，一波令人嘆為觀止的深褐色液體流到乾淨的油氈地板上。

我雙手抱頭——這一天會比我想像的更漫長。

01 資訊——萬惡的媒體

「在我們生活的社會裡，媒體製造出虛假的現實。我透過寫作提問，『什麼才是真實的？』」——美國科幻小說家，菲利普．迪克（Philip K. Dick）

我從來沒有跟假屍體靠得這麼近過。我看過上千具不同體型、大小的真人屍體，它們繁雜的氣味與色彩總是爭相博取我的注意。但是，很詭異地，跟大多數人經驗相反，讓我感到不熟悉的是假屍體。

我面前的這具仿製遺體雖然非常擬真，但算是賞心悅目：她是個象牙色皮膚的苗條女性，有著我不禁羨慕的纖腰，就像小女孩會羨慕的芭比娃娃曲線一樣。她蓬鬆的栗色長髮散落在驗屍臺上她的頭顱旁，像個髒污的光圈。她的胸膛已經用常見的Y字手法切開來，鬆弛的皮膚像兩片沾著血的粉紅色和黃色花瓣，垂在她胸前，切口內正好可以看見她珍珠白色的完整胸骨。

她是一具在驗屍程序中剛被下了刀、但還沒真的切開的假屍體，就是處於我在第一次驗屍時將 PM40 手術刀讓給傑森的那個階段。所以，我仍然可以很輕易地看出她是個年輕女子，能夠引起我的認同：她糾結的頭髮立刻讓我想到每次吹乾濕髮時面臨的奮戰，她在金屬臺面上微微蜷起的手指有著宛若真人的質地，我很高興她沒有塗指甲油，否則這個幻象會更加逼真。她看起來太真實了，我感覺她的周圍應該要有血腥味，以及放了一天的香水味與汗味。但實際上當然沒有。

「妳覺得怎麼樣？」助理導演約翰問我。

「她很完美，」我讚嘆著回答，「如果我的驗屍案件都這麼好看就好了！」

我置身於東倫敦一間狹小、酷寒的電影工作室。我被找來，是因為他們正在製作的電影特別聚焦於驗屍，導演想要確保一切——每件工具、每項技法、每句台詞——都徹底做到完美。

我必須說，不管停屍間有多假——反正我現在也見多了——他們做得非常好。只有一點奇怪的違和之處。例如，在原本應該放肋骨剪這種專門用來移除尚未切開的肋骨的醫療工具的地方，放的是一組從五金行買來的重型螺栓切機。驗屍用的雙股線，其實應該形似綁包裹用的白色粗繩，但現在這裡放的卻是細細的綠色棉線。棉線會切穿屍體脆弱的皮膚，在縫合切口時完全派不上用場。而且，水槽上方的磁吸式工具架上，好像擺了一把蛋糕刀。我真的想不出有什麼理由……。

也許只有在這個環境中工作的合格專業人員——病理學家或病理學技師——看電影時才會注意到這種事。但，老天啊，他們就是會注意。「擺一把蛋糕刀在手術刀和剪刀旁邊是要幹嘛？」我已經聽得見觀眾不敢相信地大喊。雖然，某些病理學上的徵狀確實有跟糕點甜食相關的俗名，例如「楓糖尿病」、「肉豆蔻肝」、「糖霜膽」。這讓我一度想開一間名叫「挖心掏肺」的解剖學蛋糕店，但我想「維多利亞海綿胰臟」這種東西並不存在，哪怕它聽起來挺可口的。

提醒你一下，有時候屍體上的皮膚會像可頌麵包的外皮一樣剝落，也有時候屍體的口鼻會流出我們稱為「研磨咖啡」的深褐色噁心血水。也許這些現象，再佐以「泡沫狀液體」和前面提到的「肉豆蔻肝」，讓屍體比起蛋糕臺還更像是星巴克的菜單？

我竭盡所能地向約翰解釋，這些錯誤對某些觀眾來說是顯而易見的，但他告訴我現在來不及改正道具或場景了，因為他們的團隊已經開始在假停屍間裡拍攝。我發現這種情形在娛樂業界的術語叫作「鏡頭已經建了」。但我還是可以針對其他部分提供意見：例如壓碎肋骨的確切方法（你得利用自己的體重壓在剪刀後方施力），還有我們蒐集待驗檢體時用的容器。

＊＊＊

經過這段小插曲，我回到驗屍室，正好趕上幫傑森採集厭食症牙醫的檢體。

「卡拉，可以請妳沾一下臥瘡嗎？」詹姆森醫師問。

我迷惑地看著他。

「就是褥瘡，」他解釋道。我自覺像個白癡。

傑森從他的方向輕柔地推了一下遺體，我則從不鏽鋼櫃裡拿取沾棒（這就是此類檢體採集的正確工具），並在上面做標識，櫃門藏住了我的尷尬臉紅。沾棒的外包裝是一條細長的塑膠管，有圓弧形的底部和藍色的蓋子。圓弧形的那端裝有培養基，可以做微生物的菌種培養，交由實驗室檢驗。我把蓋子打開，同時抽出沾棒，沾棒底端溼潤，已經浸上管底裝的培養基，看起來就像一小團拉長的溼棉花。我在化膿的褥瘡上沾取一點黃綠色的膿液，然後將沾棒和沾取物一起穩妥地放回包裝管裡。詹姆森醫師一面在夾板上寫字，一面解釋，「我本來以為他的死因是心臟衰竭，但我現在懷疑是敗血症。」

敗血症又常稱為血液中毒或毒血症，是由於細菌感染侵入血液所導致。看起來，這個人的褥瘡發生感染，且久未治療，於是微生物污染了血液。傑森已經採集了一些血液樣本，現在正送往實驗室，等著微生物學家在驗屍過程中助我們一臂之力。終於，我們負責的工作大功告成。

＊＊＊

往前快轉幾年，我此刻置身於這間電影工作室裡。我還在給約翰建議，說他們的假停屍間裡有些工具不夠完美，但也許還堪用。但是，我仍然堅守一條底線：他們製作的這具和女演員奧雯（Olwen）外貌相同的精美假屍體，額頭有點不對勁。我心生懷疑，彎身細瞧時才發現，製作團隊誤以為驗屍時移除腦部的方式，是在屍體的頭頂一刀切下，連皮帶骨。想像一下，電影《人魔》裡安東尼・霍普金斯把被迷昏卻還活著的雷・里歐塔的腦子吃掉的那一幕，腦子看起來有點像花盆裡扁平、粉紅色的仙人掌。這是拍攝團隊想像中驗屍程序的一部分。我不敢置信地站起來，對約翰解釋，他們的想法和我們實際執行的程序之間，有著天壤之別。

顯然，他們腦海中的意象是科學怪人額頭上水平的切痕和誇張的縫線。難道社會大眾真的以為我們進行驗屍時，是從死者的額頭取出腦部，然後用黑色粗線隨隨便便縫合嗎？難道他們也覺得，我們還會看心情，額外釘上幾個螺栓？

這真是讓我對禮儀人員與解剖學家的形象感到擔憂——彷彿社會大眾始終認為我們的外表跟行為都肖似那位名叫「伊果」的瘋狂科學家助理，不擇手段地毀壞屍體，只為了把屍塊裝進瓶子裡，以病理學為元素做出一整櫃的熔岩燈。《幽靈人種》（*Re-animatior*）和《新科學怪人》（*Young Frankenstein*）這種電影帶給觀眾半是認真、半是搞笑的印象，讓人覺得解剖與器官保存都是出於邪惡自私的理由，例如尋找長生不死的祕訣或是創造完美的女人，而非為了公眾利益。

這重要嗎？我們難免希望普通人閱讀偵探小說或是欣賞犯罪鑑識主題的電視節目時，能夠區分現實與媒體呈現的幻想，並且了解作家與製片人反覆使用某些老套橋段，只是因為那能為平凡無趣的場景加入戲劇化或是性感的元素。

有個明顯的例子，就是《CSI 犯罪現場》裡那些美女，她們在犯罪現場時，造型完美的頭髮在場景邊緣風扇的吹拂下飄動飛揚——更別提她們的低胸上衣和高跟鞋。大家都知道，真實世界的 CSI 和 SOCO（犯罪現場人員）都必須穿著白色的泰維克防塵衣和口罩，以免他們自己的 DNA 污染犯罪現場，不是嗎？很不幸，這件事似乎不是人盡皆知，而當影視製作公司拍攝戲劇節目時，這些看似無害的增補和自由發揮，無意中鞏固了停屍間和其中的工作人員陰暗、甚或散漫放縱的形象。

大約十年前，我在市立停屍間受訓，有一間製作公司來接洽我們的團隊，要拍攝一部名叫《死亡偵探》的電視節目。節目中會出現一位我共事過的優秀病理學家，迪克．謝帕（Dick Shephered）①醫師。我們對於加入拍攝感到開心又榮幸，因為驗屍的題材在節目中會以科學角度處理，但這事還必須得到死者家屬以及本區驗屍官的同意才行。

令人驚喜的是，我們徵詢的人都同意了，這部紀實節目得以繼續進行。我主管伯納德唯一的堅持，是要在播出前先看過剪輯完成的影片。最後事實證明，這是個必要且有用的要求。在節目中，有一段在驗屍間拍攝的片段，我們某位工作人員正在移除遺體的頭骨頂部、摘取腦部，但停屍間光亮地板的影像被剪掉了，插入一幕血液濺在磁磚上的畫面。我們驚愕地面面相覷。顯然，我鍥而不捨地用百衛清潔劑洗地板的努力並不合製作團隊的口味，一片血海才是他們想要的視覺效果。

不過，除了這個後來得到修正的問題之外，這部紀實節目的效果很好，我很驚訝有那麼多死者家屬都同意播出。我們本來以為這會是一場硬仗，但是這些死者的親屬

①注：他現在是電視主持人了，主持一部叫作《驗屍》的熱門節目，討論新近發生的名人死亡事件，布蘭妮．墨菲和惠妮．休士頓都曾被選為節目題材。

顯然都很好奇停屍間緊閉的門後，到底發生了什麼事。有些人則推論，如果針對他們親人的病理學檢驗結果被公開播放，有類似症狀的觀眾也許會因此去就醫。在電視上演驗屍，真的能救人性命。

每個人上電視都會很興奮，我這個受訓中的APT，對於終於能將自己這份夢想已久的工作呈現在家人和朋友面前，更是感到狂喜難耐。我記得，在節目第一集的播出日，我邀請了一堆人來我的公寓，還準備了爆米花。我們全都擠在螢幕前，大部分人都坐在地上，我則坐在沙發上，被另外兩個人夾在中間。片頭播完之後，全場鴉雀無聲，大家默默嚼著爆米花。一段旁白介紹和幾則片段之後，我的鏡頭突然出現，個子小小的、一頭金髮，手裡拿著一把巨大的銀色肋骨剪刀，碎開一個男人的肋骨。在容易產生回音的驗屍間裡，堅硬的骨頭發出無比令人作嘔的聲響。

九張驚駭的面孔在沉默的客廳裡轉向我，抓滿爆米花正要送進嘴裡的手停在半空中。

「怎麼？」我脫口而出，看著一對對睜大的眼睛。

看起來，我的朋友對我的工作性質不太了解——我猜他們之中有許多人根本不太願意細想。直到那時，他們才見識了這份工作所需的暴力，意識到我真的必須親赴現場、弄髒雙手（還有手臂和手肘）。其中一個朋友說，「我還以為妳只是做行政工作什麼的！」另一個人則說，「我以為妳是幫他們化妝的！」這都是十分常見的誤解。這部紀實節目播出之後，當然再也沒有懸而未解的問題，也沒有任何想像空間了。

糾正這些錯誤對我來說很重要，因為我們這些病理學領域的工作者不遺餘力地維持嚴正的氛圍，雖然我們執行的程序可能被視為具有侵入性、有損尊嚴。驗屍間就跟大部分的手術室一樣氣氛嚴謹、乾淨整潔，我們希望死者家屬明白這一點，而非像電視上看到的那樣，呈現對驗屍和死亡最大的恐懼與驚悚的想像。

所以，在這部電影的片場，我表現得極度挑剔，堅決不讓拍攝團隊把我們APT描繪成切開屍體額頭的邪惡反派。後來發現，如果要把假屍體的頭部整個置換，以呈現移除腦部的正確方式，需要的金額高達數百英鎊，但我是不會屈服的！我已經跟特效部門的女孩們合作無間，她們其中還有一位真的曾經擔任SOCO，後來為《醫師的日常》（*Holby City*）等醫務劇做特殊化妝。她完全了解媒體再現錯誤資訊帶來的風險，我們花了許多時間大聊《無聲證人》（*Silent Witness*）和《喚醒死者》（*Waking the Dead*）之類的電視節目。

在片場遇到能討論這個熟悉話題的人真是不錯。她抱持的觀點是，如果現在的製片人這麼想呈現正確的內容，他們早在開始做假屍體和布置停屍間場景之前，就該來諮詢像我這樣的專業人士。我不得不同意她。在實際行動之前先蒐集正確資訊是最上策，這就是為什麼我們執行驗屍之前要先詳讀 97A 表格，確定我們已做好萬全準備。

＊＊＊

就像那個從 SOCO 轉去做特效的女孩，我來到這間片場時，也已經轉換了職業跑道。雖然我從事驗屍工作好幾年，也在這個領域得到資深人員的資格，但我開始發現，我做的行政文書多過實際的病理學工作。所以，我現在是一間病理學博物館的技術策展員，不再解剖新鮮的屍體、移除他們的器官與組織供醫師檢查，而是負責維護與利用兩百五十年來被摘除、保存的五千件病理學樣本。

我用這些來自人體的奇特物件進行教學，並推廣大眾對醫學史與驗屍程序等主題的興趣。諷刺的是，APT 的工作繁重，我還在做那份工作時根本無暇談論它。現在我的時程表比較沒有那麼瘋狂了（實際上是「慘痛」），我終於能好好回顧我接受訓練的那幾年經歷，以對學生和一般民眾提供關於這項職業的意見。例如電視圈、戲劇界、某些寫作者，當然還有現在這部電影。

＊＊＊

過了幾天，我回到片場，團隊成員正忙著在他們稱作「影帶村」的地方伴著器材聽簡報，我則在早餐桌旁拿咖啡和布里歐麵包，當然避開所有酥皮的糕點。這已經是一項我相當熟悉的流程：

「巧克力碎片？早上吃？好啊？」我一面想著，一面對自助餐點伸出手。這樣做感覺很叛逆，因為我通常都是喝綠色蔬果昔當早餐——蔬果昔也很像某種死後排出的液體，但我想這書裡已經拿夠多食物來比較了。我把布里歐麵包塞進嘴巴，沒命似地狼吞虎嚥，然後決定溜進片場，看看停屍間。我掩人耳目地跑了進去，女主角漂亮的假屍體就在那兒，躺在驗屍臺上。我手拿咖啡，彎身檢視她的額頭，注意到那道明顯的割痕——也就是她的頭原本要被切開的地方——已經不見了。我想，他們才花了幾天就把事情解決，真是太好了。我又看了一眼：這麼擬真，還有睫毛！還有手臂上的汗毛！我漫不經心地想著她要值多少錢，一面輕捏了一下她的上臂。

她坐了起來。

她吼得好大聲，又那麼突然，害我把咖啡往上一拋，潑到天花板。我連續尖叫了三次，也可能是四次，然後我們兩個都大笑出聲，笑我徹頭徹尾的白癡行為，也笑那些聞聲趕來、陷入驚恐的工作人員駭異蒼白的臉孔。

當然，那不是假屍體，那是採取方法演技的演員奧雯，躺在不鏽鋼的驗屍臺上，試圖進入適當的心境來——呃，演好一具屍體，我想是這樣吧。然後我就晃了進來，眼神迷濛而好奇，還決定要摸摸她。我這輩子從沒有笑得這麼用力過。工作人員跟我笑到流淚，肋骨都要裂了。

「啊，我還是個病理學專家呢，」我這分不清真活人和假屍體的傢伙心想，「現在是誰分不出幻想和現實了呢？」

＊　＊　＊

對這部電影的兩位主角——兩位資深的好萊塢演員——我很喜歡的一點是，他們一直說很高興有我在，儘管他們對我的身分有些疑惑。

「有個病理學家在，真是太好了！」在我的第一個工作天，賀許（Emile Hirsch）熱情地握著我的手說。

「謝謝，」我害羞地含糊說道，「但我不是病理學家，我是病理學技術員。」

「有什麼不一樣？」他疑惑地問，同時吉姆說，「可是，我以為妳是病理學技師？」

「病理學家是合格的醫師，透過解剖器官和檢查屍體，利用知識診斷死亡原因。我負責在程序中提供技術上的協助，但我也符合其他方面的資格，」我對他們兩人解釋，「我負責所有實務面的工作，例如摘取器官和樣本，但我也協助病理學家進行診斷，還有管理停屍間，」然後我特別轉向吉姆，「我們這項工作有很多不同的名稱，但我們專業上用的縮寫是 **APT**。『技術員』的稱號在一陣子前改成『技師』，可是我一直不習慣，因為在這個情境下，『技術員』的詞義比『技師』合理多了。」

「啊，我懂了，」他們微笑著回應。我不確定他們是否真的懂了。

「嗯，如果 **MBChB**（內外全科醫學士）、**FRCP**（聯邦民事訴訟程序）、**FRIPH**（皇家公共衛生研究所研究員）等這些領域的人對技師一詞都沒意見，那我也行！」我笑道。但我意識到，如果對方沒讀過《紅書》（*The Red Book*）這本 **APT** 的訓練聖經，那麼這笑話就不好笑了……。「叫我禮儀師就好，」我感到困窘，退而求其次地說，「為了方便起見。」

我經常用『禮儀師』這個詞，儘管我知道很多其他的 **APT** 並不喜歡。② 我這樣說有幾個理由。第一，根本沒人知道 **APT** 是什麼東西。如果人家問我做哪一行，而我回答 **APT** 的話，對話只會無疾而終，或是引發太多問題：這個縮寫代表什麼、這三個字怎麼拼、我是不是醫師，等等。第二，「解剖病理學技術員」這個詞特別拗口，老是讓我舌頭打結。我認為「停屍間技術員」比較簡潔，字面上的意思也比較明確，但我把「停屍間」（mortuary）和「技術員」（technician）這兩個詞想成巴掌大的兩團雪，我可以把他們捏成一個二合一的雪球：「禮儀師」（mort-ician）。大家都知道禮儀師是什麼意思。而且，就像丟雪球一樣，我可以隱喻性地把這個詞往發問者的臉上丟，冷不防脫口而出，嚇得對方不敢置信地搖頭。

不過，最後一個原因是，我不只是個APT：我負責與死者有關的職務包含防腐、醫學解剖、示範解剖、切割與檢驗骨骼，以及保存具有歷史意義的人類遺骸。以我個人來說，我確實是個禮儀師。

通常我得到的回應是「真的嗎？禮儀師？可是妳看起來不像啊！」我滿喜歡這種說法的。我喜歡當個和外表給人印象截然不同的人。但更重要的是，我成年以後的職業生涯都是和死人一起工作，我希望能將我對這份職業的熱情傳達出去，那已經成為我個人認同的一部分。就像詩人兼殯儀師湯瑪斯·林奇（Thomas Lynch）所描述的，我屬於那種「已經將自我與職業融為一體的人」。我這個人，以及負責照料死者的我，已經成為兩個不可分割的存在。

在此之前，我巧遇過兩位演員之中年紀較大的布萊恩（Brian Cox），因為他先前曾經造訪我任職的病理學博物館，為他所主持的一部紀實節目錄影。那段節目的主題是酒精對肝臟造成的危害，我必須在他們錄影的臺面上展示一系列不同的肝臟，以徵求拍攝團隊的認可。我感覺有點像倫敦的市集小販在賣東西，一一陳列我的商品，試圖說服他們這些東西的品質有多好，以免我必須從三個不同樓層的各個角落搬來更多的肝：

「啊，這個肝超美的啦，就是你想找的那種。」

「啊，先生，上面那個不適合你啦——這個我會給你優惠喔！」

另一位演員艾米爾年輕得多，飾演布萊恩的兒子。

他們一開始都表現得相當友善，工作人員也不斷提醒我，我是拍攝團隊裡不可或缺的一份子，「布萊恩和艾米爾都很高興有妳在這裡幫忙，」他們一直這樣說。但到了拍攝的第四週，他們開始累了，並且出現八卦小報上的那種大頭症名人行徑。艾米爾越來越暴躁，而布萊恩似乎沒有從他主持的那部關於酒精和肝病變的紀實節目中學

②注：我不知道這股傲慢是怎麼來的。我總是遇到有人說「我是護士」而不是「SEN」（國家註冊護理師），或「我是醫生」而不是「SpR」（專科執業醫師）。使用一般人比較熟悉的名詞，只是為了讓對話比較自然輕鬆而已，並沒有什麼不對。

到任何教訓，他午餐時間就開始喝酒，回到片場時總是略顯疲態。拍攝團隊請我再待幾天，但是我並不想每天在外待上十二小時，更別說是在那間冰寒刺骨的倉庫了，而且我的日間工作也不能再讓我請假了。我在工作的最後幾天詢問美術指導，這是不是拍電影的常態，因為我實在沒概念。她說，「不，只是這部電影特別『有挑戰性』。」

在這份工作的最後一天，我終於親眼見證。我給了艾米爾一點建議，他便對著我大吼：「沒有人會發現，而且也**沒人在意**！」

「喔——好吧，我很高興我每天花十二個小時待在這裡，針對正確的程序提供建議……」我心裡想著，同時安靜走開。

我又一次思索著，這是否就是其他人態度的反映：他們覺得停屍間裡的工作太奇怪了，而且無足輕重，所以根本沒有人在乎，也沒有人會想理解。在喜歡這類工作或想對之有所了解的人，還有徹底覺得這份工作怪得要命的人之間，顯然有一道鴻溝。數不清有多少次，團隊裡的工作人員低聲對我說，「是電影片場呢——真令人興奮，對吧？」而我得低聲回應，「不對，有點無聊呢！如果這是**真正**的停屍間和**真正**的驗屍，對我而言還比較令人興奮。」我選擇與死者為伍的工作，是因為我在其中得到樂趣和不可思議的成就感，而在片場閒晃卻不然，至少對**我**而言是如此。

＊＊＊

相反地，驗屍間裡總是高潮迭起。雖然病理學家已經離開了，但還是有工作要做。傑森負責清潔打掃，讓我專心重建厭食症牙醫的遺體。我縫合了他身上的切口，將遺體清洗乾淨，梳整他雜亂的毛髮，為他的褥瘡貼上敷料，甚至還修剪了他過長的指甲。他現在的樣子著實比剛被送來時好多了。他完全可以讓家屬或友人瞻仰遺容……但根本沒有人來見他。不過，我並不是白費心思，我的努力是為了他，而不是別人——這就是成就感的來源。他現在看起來已經平靜安息了。我將手放在他的前額，讓他的雙眼好好闔上，然後拉上屍袋的拉鏈。

很多人都對於和死亡相關的工作充滿興趣，想要有更多了解，因此我接到許多訪問。但「訪問」這件事的問題在於，即使雙方都意圖良善，訪問的撰稿者還是可能為了戲劇效果而改動你的發言，又或者是沒有做足研究工作。這並不是因為他們心懷惡意，而是由於死亡是個非常令人困惑且高度敏感的領域。就以屍體為例：我可以委婉地將死者稱為某人的「親友」或是「逝者」。但在特定脈絡下，例如我們研究埋葬堆積學時（即關於有機體腐敗現象的科學），或是討論器官與大體捐贈和解剖時，我們就會稱死者為「屍體」。「病人」這個詞總之就是不對勁。

不過，我在醫院的停屍間工作時，死者一律被稱為「病人」，因為他們是從醫院來到我們手上的，驗屍是他們就醫旅程的最後一站，所以技術上而言，他們仍然算是病人。但是，在我一開始任職的驗屍官轄區停屍間，裡面的工作人員就不會使用「病人」這個詞，而比較常說「案件」。這些詞指的都是同一種事物，但各自有些細微精妙的語意差別，無法放諸四海皆準。記者可能不了解這點。所以，只要有人提問，我在訪問中一定盡力詳盡解說，但如果我的用詞「病人」在最終校對時被改成「屍體」，使得讀者疑惑不解，我也無計可施。

尤其，大家在萬聖節時，對死人、身體部位、「遺骸」和「屍體」特別感興趣，每年的這個時候，我都格外受人歡迎。我一直以為我的十五分鐘知名度已經隨著《死亡偵探》節目來了又走，我不會再跟娛樂圈扯上關係了，直到我受邀帶著病理學博物館裡的標本去上艾倫·提區馬許（Alan Titchmarsh）的脫口秀。

那段節目原本的主題是歷史上怪異的療法，是我最喜歡的題材之一，因為館裡有許多標本都可以拿來演示。例如，我們有梅毒患者的骨頭，這些骨頭形狀扭曲、布滿瘢痕，苦主不僅受到疾病感染，還遭到當時作為「治療」用途的水銀的毒害。我們還有一隻裝在罐子裡的細長條蟲，是昔日女性刻意吞食以輔助減肥的東西：如果有一隻條蟲住在你的小腸裡，牠就會消耗掉卡路里，讓你……總之原理是這樣的。

計程車到我的工作地點來接我，我抱著一個塑膠箱子，裡面是精心包裝的骨頭、條蟲和其他東西。我完全不知道現場狀況如何，抵達攝影棚時，我一想到自己攜帶的詭異物品，就有點緊張不安。不過，有人好心地帶我到「綠色房間」、幫我倒了咖啡，介紹我給其他來賓認識之後，我就覺得放鬆了。我根本不必覺得我帶的那箱人體部位是當天最奇怪的東西，因為「綠色房間」裡有露拉．蘭斯卡[3]、《布偶歷險記》的幾個角色、大鬍子饕客[4]，還有一個會隨著碧昂絲歌曲〈單身女郎〉跳舞的嬰兒。輪到我的時候，我上臺見了艾倫，對著直播攝影機和棚內觀眾解說我的標本。我侃侃而談毫不緊張，可能當時假裝自己在作夢吧。

這個方法應該管用，因為他們再度邀我參加脫口秀的萬聖節特集，這次可以自由選擇我想談的主題。我講的是幾種流行文化中的怪物在醫學上的起源背景，並且帶了幾樣相關病症的標本上節目。其中一個案例是痲瘋病與殭屍。在中東，痲瘋病患曾經被稱為殭屍，也被天主教會宣判為不死者。他們雖然活著，卻不被視為具有生命，所

③譯注：露拉．蘭斯卡（Rula Lenska），英國女演員，曾演出《東區人》等電視劇。
④譯注：大鬍子饕客（Hairy Bikers），由 Dave Myers 和 Si King 組成的美食旅遊節目搭檔。

以也無法享有權利。

另一個例子是紫質症，這種疾病是貧血症的一種，很可能是吸血鬼傳說的由來，因為病人不能接受陽光照射，而且牙齒會染成紅色。他們甚至還邀我參加節目最後的一個小測驗，有幾個萬聖節主題的問答和遊戲任務，我當然贏了——我超愛萬聖節！獎品是一顆金色南瓜：一顆非常迷你、噴了金漆的小南瓜。有六個月左右的時間，它是我驕傲與喜悅的象徵，直到有一天我發現它已經癟成一團青銅色的黴菌，我知道讓它安息的時刻到了。它腐敗分解成為土壤，就像我們終需面對的命運一樣。當然，除非我們像我現在管理的那些標本，被人工保存在罐子裡。

那些標本在電視上大受歡迎。人類遺骸有著贗品和仿製品所缺乏的力量。[5]在英國，大部分人很難接觸到真正的人類遺骸，一是因為我們不再像往昔那樣親自打理遺體、準備葬禮，而交由專業人士代勞。另一個原因是，館藏中擁有死者遺骸的博物館——例如我現在任職的這間——需要特別的憑證文件才能讓大眾參觀。但我認為，有些事情只有遺骸能夠教導我們，那種強烈感與力量，是複製品所沒有的。

我記得十四歲時，歷史課教到了納粹。班上有一半的學生似乎都更樂於在自己身上噴體香劑，或是偷看《十七歲》少女雜誌，老師對我們怒不可遏。

「這些人可是用人皮來做燈罩啊！」他大吼，「你們怎麼能假裝這麼恐怖的事情沒有發生，還在那邊聊天？」但我們無法產生共鳴。我們是青少年，我們感興趣的是自己的胸部發育了沒、能不能從少女內衣升級到胸罩，而不是我們出生前許多年的某個地方發生過的某件事。等到我看了一場關於大屠殺的展覽，那一堆又一堆從納粹受害者頭上剃下的頭髮，一股恐怖感才真正擊中我的心。那些遺骸具有某種力量，訴說著他們不該遭受被視而不見的待遇。我們醫學院的學生，在實驗室裡解剖他們被分配到的大體時也有同感，他們感念這份捐獻，也對自己的職責更加認同。學年結束、所有的解剖課程完成時，他們甚至還會舉辦告別式。話說回來，用矽膠做的新型SynDaver 人造大體，則往往無法營造出同樣的權威感與肅穆氣氛。

演員布萊德利・庫柏（Bradley Cooper）也有同感。他在倫敦一間劇院的近期劇目中飾演象人。雖然博物館的公開展區中有一具喬瑟夫・梅瑞克（Joseph Merrick）骨骼的複製標本，他還是請求觀看真正的遺骸。真品保存在只供醫學學生與研究人員觀覽的展區。他想認真詮釋這個角色，於是我們同意了。他對喬瑟夫・梅瑞克這個人物的重現得到好評，而且他對此人的遺骸相當敬重。他啟程回美國的前一天，還回來看

⑤注：好吧，有那麼一次，我中計了，把假屍體和活生生的人給搞混——但你懂我的意思。

喬瑟夫，只為了向他道別。那具骨骼是人，驗屍臺上的死者是人，甚至我那五千個罐子裡的標本也都是人。他們至關重要、深富力量，還有滿滿的故事等著娓娓道來——我有幸能用許多不同的方式挖掘出那些故事。

＊　＊　＊

這就是為什麼我熱愛我現在的工作：有時身上別著「恐怖卡拉」的名牌上電視贏得金南瓜，有時重新封裝一七五〇年代的疝氣標本，又有時在電影片場亂摸某個貫徹方法演技的女演員。我累積了許多年的實際驗屍經驗，但就像我說過的，在那些年間，我實在太過忙碌，無法進行任何業外活動，例如繼續讀書深造或是上電視。如今，我不再是停屍間的全職員工，我有更多的餘裕回想，APT是個多麼瘋狂、令人滿足、充滿成就感的工作。我目前工作中的人類遺骸藏品，讓我一腳踏在死亡這個概念的過往，另一腳則穩穩踏在死亡的現在與未來。

停屍間的工作絕不是個死胡同。

02

準備——悲傷的相會

「我準備好去見造物主了，至於他是否準備好見我這個大麻煩，就是另一回事了。」——溫斯頓・邱吉爾

我的外公佛德列克滿懷感激地將全身的重量抬離雙腿，坐到他最喜歡的椅子上，粗聲的嘆息變成一聲老煙槍的咳嗽。我們剛從他和外婆住的老人住宅前院回來，雖然只是一塊長草的空地，但我還是稱之為「花園」。

對七歲的我來說，那著實是一座很大的花園，我還記得自己在裡面跑來跑去，外公則倚牆而坐，面向太陽，吸著捲菸。現在回想起來，我外公讓人想起席德・詹姆士，油亮的灰髮往後梳，當他露出淘氣笑容時，閃亮的眼睛擠成緊緊的兩道縫。但他年輕時，例如在和外婆的結婚照裡，他長得像亨佛瑞・鮑嘉，身著俐落西裝、頭抹百

利髮乳。第二次世界大戰期間，他在緬甸作戰，但對此事絕口不提。他會演奏手風琴，因為他是吉普賽人的後代。我說的不是電視上那種穿著鋪張華麗的結婚禮服、妝化太濃的吉普賽人，而是乘著鮮豔彩繪的「瓦多」（Vardo）馬車，離開原鄉到處旅行，我外公是真正的羅姆吉普賽人。他們會在火堆邊喝劣質酒，一看到人就出聲咒罵，為了預見家族中哪位女性成員最先結婚而在儀式中殺雞。

我外公的父親，也就是我的外曾祖父，是個吉普賽拳擊手。他的手臂很短，總是用吊襪帶把襯衫袖子捲起來，即使吊襪帶這種配件早已過時。他的其中一隻拇指指甲很長，有點像電影《計程車司機》裡的斯波特。他也幫人穿耳洞，還把自己的一只耳環變成了送給我外曾祖母的結婚戒指。他們婚後生了五個小孩，但全都早夭，這種情況在一百年前算是常態。一九〇三年左右，他們搬來英國，又生了五個小孩，我外公佛德列克排行最長。對於我外公的一生，我所記得的也就僅止於此。

在我的記憶中，更鮮明的是他死亡時的面容。

那天，外公坐進他那張舒服的椅子後不久就開始抽搐。我從他穿著拖鞋的腳邊往上看著他，發現自己正和死亡面對面。我外公的頭往後仰、眼睛翻白，嘴角流出一滴血，在他皺紋滿布的面頰上畫出一條猩紅色的小徑。然後，像句子裡出現驚嘆號似的，他的假牙從嘴裡滑稽地飛出來，掉在地板上時發出碰撞聲。有人把我拖離現場，但我不記得是誰。這個舉動的涵義很清楚：這種場面不是七歲小孩該看的。

我外公發生了嚴重的中風。技術上而言，他並不是真的死在那張椅子上，但他被送進醫院之後，就再也沒有康復。他在我媽媽和阿姨們的陪伴下過世。我沒有參加葬禮，因為大人認為我年紀太小了，我也不記得我家人在那天做了些什麼。然而，對於他的死，有一件事我是記得的——我既害怕又好奇。

＊＊＊

我小時候是個固執而大膽的孩子，我想這個性遺傳自我父親，一個出身天主教大家族、相當自傲而好強的男子。他的兩個孩子接受的教養比他兒時寬鬆許多，而我是長女，他的性格特徵在我身上展現為獨立、求知欲，還有一股時常渴望與書本與思緒獨處的需求。我兩歲就學會閱讀，能夠從報紙上看出我最喜歡的電視節目何時播出，並且告訴媽媽。有一次，媽媽想要處罰我，她和所有不悅的家長一樣，留我一個人待在房間裡，她認為那段時間會是「難受的孤獨」。過了許久，她進來查看，發現我安靜而快樂地讀著書。「好了，妳可以出來了，」她試圖安撫我。但我回答，「我想先把這章看完。」還說是處罰呢！

我與死亡的短暫相會可能會嚇壞其他小孩，但我跟他們不一樣，而且我興致勃勃，把謎一般的死神當成某種值得研究的挑戰。我天生就能接受世界運作的方式，在很小的年紀就了解，如果沒有黑暗，也就不會有光亮。

也許這要歸咎於我奇特的吉普賽異教血統吧，或者這來自於我父親幽暗天主教背景的影響，又或許，這是因為我在該讀伊妮・布萊頓（Enid Blyton）的年紀，就養成了對阿嘉莎・克莉絲蒂（Agatha Christie）作品的極大胃口。也或許，一切都要怪兔兔大屠殺。

我爸有時會突如其來地帶寵物送給我和弟弟。有一次送的是兩隻黑白小兔子，雖然我們並沒有要求，但小孩不可能拒絕寵物，尤其是小兔子。所以，大籠子和乾草堆準備好之後，這兩隻新來的兔子就快樂地住進牠們的花園小屋。我們每天都打開籠子，讓牠們在小屋裡繞圈，或是看著牠們在花園裡奔跑，牠們知道附近徘徊的貓咪不會威脅牠們的安全。至少我們是這樣以為的。

有一天，毫無預警地，花園傳來一陣高頻尖叫和嘶吼聲的合奏，讓餐廳裡的我們嚇呆了，舉到嘴邊的叉子停在半途。終於，我們反應過來，衝向陽光明朗的室外，面對的是一幕宛如出自美國姐妹會電影的畫面：彷彿有一群青春期女學生剛在這裡打完性感的枕頭仗，飄舞的羽毛正優雅地落在她們筋疲力盡、嬌喘連連的軀體上。只不過，空中飄舞的不是白色羽毛，而是一團團兔毛，沾黏著那些毛的也不是香汗淋漓的古銅色四肢，而是扭動顫抖的血淋淋兔子屍體。

我爸當時挑了一隻公兔子和一隻母兔子，在我們毫無所知的狀況下，牠們交配了，然後母兔子生了寶寶，多到看起來好像有上百萬隻。牠們體型很小，而且每次我們進到小屋時，牠們都巧妙地躲在屋內的空隙裡：籠子和牆壁之間的縫、冰櫃後面、萵苣葉底下、水槽後方。我們根本不知道牠們的存在。似乎是有一隻意志堅定的貓咪設法從狹小的窗戶鑽了進去，來了個狂歡日，就像萬聖節的麥克．邁爾斯①。我們還不知道這些兔子新生兒的存在，牠們就全部被貓咪給趕盡殺絕。

呃，其實不是全部。

最後一團兔毛落定之後，我們像成群的鬣狗一樣在屍體之間翻來找去，最後發現了一隻小小的兔寶寶還活著，顫抖不已。我還記得，那隻可憐的小東西小到我用手掌就能握住，我也記得牠慌亂、輕淺的心跳在我皮膚上的觸感。我覺得自己好沒用，彷彿我應該以某種方式預知到這樁悲劇，或至少有能力做些什麼來彌補。

①譯注：恐怖片《月光光心慌慌》中的殺人魔。

我的宿敵，死亡，再度出手了。

你對某樣事物了解越深，就越有能力控制它。悲劇發生時，除魅化的過程有助於我們重新掌控情緒，這就是我面對死亡的方式。俗話說，「親近朋友，但更要親近敵人。」唔，我非常親近死亡這個敵人，結果它迎頭趕上，轉了個身，成了我的朋友。

中風在醫學上稱為「腦血管事故」（CVA），雖然從某些角度來看，其中並沒有任何「事故」的成分。主要的致病風險因子之一是抽菸，所以我那嗜抽捲菸的外公可說是為自己的死亡出了一份力。其他風險因子包括高血壓、膽固醇過高和肥胖；這些都是我們可以自主管理的。我會知道這些事，是因為多年之後我接受APT訓練時，我手中捧著中風死者的腦，詹姆森醫師則在一旁解說：

「不管是因為栓塞或是血管破裂，當流向腦部特定區塊的血流停止時，就會發生中風。這裡——妳可以看到破裂的血管，」他指著灰白色的腦部切片上一塊暗紅色的血漬，「低劑量阿斯匹靈之類的抗血栓劑可以降低中風的風險，好好照顧自己身體也有幫助。」

「中風快要發生時，有前兆可以看出來嗎？」我問道，我小心把那片脆弱的腦組織放回解剖臺上時，想起了我外公。

「有的。可能是身體半邊感覺麻木，或是單眼視力惡化。也可能會半邊臉變得無力，以及口齒不清。」

這就是了。我感覺好像我在外公去世的那天就知道：如果你知道死亡的前兆，就能預知死亡，就能控制它。

或至少，你能盡力一試。

＊　＊　＊

我媽第一次聽說我想當禮儀師，大概是在我九歲時，坐在美髮沙龍的椅子上。當時髮型師故技重施地和我閒聊，分散我的注意力，以免她一撮又一撮剪掉我的頭髮時，聽到我放聲尖叫。

「妳長大以後想做什麼呀？」她甜滋滋地問，而我回答，「禮儀師，」語氣同樣甜美。

我想這個答案大概讓剪刀在半空中停頓了片刻，髮型師看向我媽，她則聳肩回應對方詢問的眼神，好像在說「可不關我的事。」在那個時候，小個子的金髮女童說自己想當禮儀師，是不太尋常的事，那是死亡和鑑識科學尚未因為媒體而流行的年代。禮儀師並不是一項眾所皆知的職業，也不是家族傳統。但對我而言，那是我的使命。我不記得我有想過要從事其他職業。我總是對人體的運作方式充滿興趣，即使早在我還沒有將生命的奇蹟與不可避免的死亡聯想在一起的時候。那一課我是在垂死的外公腳邊學到的。但在命定般的那天之後，我想要知道他的身體裡究竟發生了什麼事，這麼迅速地就抹滅了他的生命，像發條玩具在能量耗盡、發條鈕停止旋轉前的最後一下顫動。

我的好奇心並沒有在這裡停止。

我對路上找到的死去動物——例如那隻可憐的貓——著迷不已，時常找朋友來花園裡幫牠們辦葬禮。（在小孩了解到自己的壽命有限以前，這種活動是相當常見的，所以如果你家小朋友在花園裡堆了個墳墓，請別擔心，你家孩子並不是未來的連環殺手。）也許更不尋常的是，蛆蟲、鮮血和屍體的鼓脹並沒有澆息我的興趣，反而更激起我的好奇心；我得知道這些現象背後發生了什麼事。我十歲生日的時候，要了一臺顯微鏡當禮物。「帶玩具上學」的活動當天，我對小學的同學們解說了顯微鏡的運作方式，我想他們一點也不覺得興奮。

現在回想起來，我真驚訝當時居然交得到朋友。同時，我經常晃蕩到附近圖書館，借閱中學程度的生物教科書回來研讀。我不知在哪裡讀到，一條蚯蚓被切成兩半之後，會變成兩條蚯蚓。想像看看！我就像個綁辮子、穿及膝長襪的小小法蘭肯斯坦博士，以為這就是逃過死神魔掌的祕訣。我用勤奮不休的小手指，把一條又一條蚯蚓從我們的花園／墓園裡凹凹凸凸的土堆中抓出來，然後切成兩半，用放大鏡仔細觀察。

想當然爾，我那飽受折磨的媽媽並不樂見我拿她的廚具做這種用途。

＊　＊　＊

當然，我現在還是會上美容沙龍，而當有人不可避免地問起我的工作時，我會開心地侃侃而談。如今，常有人對我的工作大感興趣，髮廊裡的其他客人和造型師也常常加入談話。感覺好像每個人都看過《CSI》或《無聲證人》，或是讀過派翠西亞．康薇爾（Patricia Cornwell）或凱絲．萊克絲（Kathy Reichs）的書，對這份工作懷抱著某種經過美化的想像。鑑識科學是很迷人，只要我別太深入地談到我工作流程的細節（沒有人想聽我說有一次我手肘上沾到排泄物，就這樣走來走去一整天），我也可以挺高興地針對工作聊上幾個小時，通常都是面對那些我已經被問過一百萬次的相同問題。不論如何，這總是遠勝過一般髮廊裡閒聊的話題，像是我打算去哪裡度假之類的。總之，屍體＝有趣。陽光海岸＝沒那麼有趣。

但我去做美甲的時候則是例外（這是一件由於我以前在停屍間任職，雙手需要從事精細工作而無法做的事，所以現在請容許我享受這小小的虛榮吧。如果過去八年來你都只能穿著雨靴和防護衣、打扮得像個漁婦，你現在也會盡其所能妝扮得光鮮亮麗）。這間美甲沙龍裡有個男生，我常常指定他幫我做指甲，因為在某種奇怪的巧合之下，他有一隻拇指指甲留長，就和我的外曾祖父一模一樣。他會用那隻長指甲從我的軟皮上把畫壞的指甲油刮下來。雖然我從沒有見過外曾祖父，但這點相似之處總是帶給我安慰。

我家附近沙龍裡的美甲師都不太能講英語，所以我除了看他們工作之外其實沒別的事好做。而我喜歡看著他們處理精細的工作，因為那讓我想到自己，還有許多像我一樣的 APT，在為驗屍做事前準備的樣子。他們勤奮努力地完成任務，準備好所有的工具、液體和粉末——每件東西都各就其位。他們的準備之完善，甚至事先撕好一張張的吸水紙巾，以免之後趕著抓取的時候把整捲紙巾弄亂。

我當 APT 的每一天都是這樣開始的。不管在哪裡工作，我都至少比表定時間提前半小時到，而且必須比病理學家早到很多。通常，我一天的工作從八點開始，但我七點半就會抵達，在同事出現之前啟動咖啡機。由於病理學家並不會全程參與驗屍，他們通常會先進來確認死者身分、簽一些文件，然後就回到辦公室，讓我們繼續進行準備工作。

起初的身分確認顯然極為重要，死者的腳踝名牌和手腕名牌會一而再、再而三地接受檢查。如果驗屍驗錯人，那後果真是不堪設想。一旦身分確認完成，醫師就會離開，大約一個小時之後才會再回來，而這段期間就是我發光發熱的時候了：我著手開始驗屍。驗屍（autopsy）源於希臘語中的「親自檢查」或「檢視自我」。

我必須把每件東西一絲不苟地擺放好，以待程序進行，否則會感覺自己像個廢物。我喜歡當那種在醫師開口前，就已經把對方要求的某件工具或物品遞出去的**APT**，就像手術室的護理師一樣。這讓我覺得對自己正在做的事有所掌控，而這對病人來說是好的。此外，驗屍現場一片混亂，你身上會沾滿血液和其他體液，所以你絕不會想在程序進行到一半時跑去打開櫥櫃和抽屜，尋找沾棒或備用手術刀之類的東西。最好像美甲師一樣，將所有可能的狀況都預先考慮到。

首先，我會確保所謂的「藍紙巾捲」備量充足，那是一種吸水紙巾，我們用它來擦乾濺出的液體和清理體腔。我會把工具全部擺放出來，例如裝了嶄新刀刃的手術刀和**PM40**（貌似非常巨大的手術刀，刀刃大到必須用螺絲鎖上去），但我會把新的刀刃用錫箔或包裝紙包住，因為曾經有人跟我說，即使連氧氣分子在薄薄的刀刃表面吹過，都會讓刀變鈍。我不知道此話是否當真，但我可不敢拿我的裝備冒險。

其他擺出來的工具還有一把很長的刀子，手把尾端是方形，大約一吋厚，有點像武士刀，我們稱之為腦刀。將脆弱精細的腦部切分成若干區塊時，這種鋒利、拋棄式的刀子是不可或缺的。還有我提過的肋骨剪，用來剪開比骨骼柔軟許多的肋軟骨。一個人如果越老，軟骨的鈣化程度就越嚴重，也就越難在剪開時避免產生鋸齒切角和骨骼碎屑，那些東西可以刺穿你的手套，甚至皮肉。這項工具就是我朋友看到我上電視時恐怖聲音的來源。

還有一兩把勺子，以及一種稱為「顱骨鑿」的T字形金屬工具，稍後將用來輔助移除顱骨的頂部。還有一排剪刀，包括腸子剪刀、各種鉗子（有些帶齒、有些則無——就像我的病人一樣），以及名稱聽起來很可愛的「小骨鉗」，用來輕巧地夾開骨頭的碎片。

我也會事先將曲線形的C字和S字大針穿上白色粗線，準備用來縫合皮膚。我會用膠帶把針線貼在櫥櫃的一側，這樣只要拿下來就能用了。當你戴著好幾雙沾了血、滑溜溜的手套時，要是還得應付乾淨的線捲就再慘不過了。但我得努力不自動做出我拿棉線縫布料時會有的動作，也就是用口水沾濕線頭把線捻細！不久後，工具推車多了一點DIY的成分，因為我添上了一兩把有大鎚頭的鑿子、一把電動骨鋸和一把手動的骨鋸（以免停電），還有幾個大水桶和碗。

雖然每個案例都不同，但程序是共通的。我猜得出疑似死於靜脈藥物注射過量的人需要採集哪些檢體，舉例來說，他們的採集項目和那些在養老院過世、身上長了褥瘡的病人就不會一樣。前者需要將身體組織樣本送交毒物學檢查，以確認組織中的化學物質是什麼種類、有多少劑量，是否導致死因。後者就像厭食症牙醫的案例，需要微生物學測試來記錄瘡口的狀況，以及死者感染的細菌種類。

在上述案例中，幾個星期過後，病理學家才從實驗室那邊收到結果，化驗耗時良久是很尋常的狀況，不像電視上演的，化驗結果一個小時內就出來了。醫師猜對了：死因是敗血症導致的敗血性休克，肇因於褥瘡中的微生物侵入血液。

每個病理學家做事方法都不同，而 APT 的職業技能之一，就是了解病理學家們各自需要的工具，以便預先準備。有些人比較吹毛求疵，需要很多樣本來證實他們最終會達成的結論。而更多樣本代表的就是更多標籤和更多容器，這些都要事前印好，準備貼上一管又一管的尿液、血液、眼球玻璃狀液、膽汁、膿液、器官和骨骼的小切片……等等。這些組織學（針對細胞的顯微觀察研究）小樣本通常只有一公分大，可以整齊地放進俗稱「組織學標本盒」的塑膠盒裡。

如果我有預感病理學家需要採集組織學樣本，那麼我也會把這些盒子先準備好，同樣印上獨一無二的案件號碼，把蓋子打開，排在解剖臺邊緣，像小兵一樣待命。和一般人的認知不同，病理學家其實很少切除並保存一整個完整的器官。有了現代的顯微鏡技術，只需要很小很小的組織切片就夠了。例外的狀況是當組織受到大範圍或特別的損害時，醫師會在徵得同意之後，視所需的時間長短和目的保留器官樣本。

在這樣的預備工作之後，所有東西已經一字排開、隨時待命，這全是為了使驗屍過程能盡可能順利進行。

* * *

有一個同事教了我「五個P」的口訣——事前準備避免表現失誤（Prior Preparation Prevents Poor Performance）。這句話適用於人生中的一切事物，不管是為情人準備浪漫晚餐，或是支解人體，同時也適用於朝著你所選擇的職業前進。大部分人都不是碰巧遇上自己的理想工作，而我也不可能隨便就掉進解剖病理學這個職業領域——我付出了許多努力，而且從年紀很輕時就開始準備。

在就讀教會學校那幾年備受壓抑的歲月之後，我考了GCSE（英國普通中等教育證書），並進入大學。我選擇攻讀生物學和心理學，同時兼職打工，因為我需要自由、金錢和一點讓自己成熟長大的時間。我在空檔年完成了生化科學的預備課程，相當於在一年內修完中學高年級程度的生物、化學、物理和數學。這讓我能直接修讀鑑識科學與分子生物科學的學程，我更詳盡地理解了人體，還有鑑識科學家使用的各種技術。我研讀的課程包括毒物學、微生物學、細胞生物學和鑑識人類學，也就是對嚴重腐敗、化成骨架的遺骸的觀察研究。

我非常享受讀大學的時光，以及朝一個目標努力的感覺，但有過實際工作經驗之後，我更希望能不只是坐在教室裡聽課。我知道，閱讀鑑識與驗屍相關書籍是一回事，在課堂上看到資深病理學家和人類學家介紹的圖像又是另一回事，但我需要知道我真正面對這些難纏的屍體時會有何反應——我需要完整的多重感官經驗。如果我能夠處理最糟的狀況，那麼任何事就都難不倒我了。看到腐敗屍體的照片，非常不同於聞到腐屍的味道，以及感覺到蛆蟲像米花糖一樣在你腳下鑽動。

命運的時刻降臨了，我遇見聲譽卓越且相當英俊的鑑識病理學家柯林．詹姆森醫師，他當時針對斯雷布雷尼察的大屠殺墳塚主講了一場晚間講座。②我們在講座後小

②注：是的，那就是我當時的休閒活動：去聽講座，講題還是停戰地區的大量傷病患機制與收容所，而不是去學生會喝紅牛配伏特加。

聊了一下，我得知他同時在好幾間停屍間工作，其中一間離我的學校很近。他建議我找個日子去一趟，好應用我在大學裡學到的知識，於是我就這樣來到了市立停屍間的門階前，詢問我能否每週一天下午來當志工。

我以為沒啥機會，但是，也許因為當時鮮少有人想在停屍間工作，又也許詹姆森醫師為我說了幾句好話，那兒的新任經理安德魯同意了，結果我拿到了我專屬的雨靴，鞋頭有鋼片包覆。我就此進入了停屍間的世界，當時並不真的知道該懷著什麼樣的期待。雖然我努力做了研究和準備，但我其實只熟悉大眾媒體所呈現的那種聳動的「太平間」。架子上會放滿裝在玻璃罐裡的內臟嗎？會不會有B級片裡出現的石板和奇怪的電子設備？根本沒有——整個空間非常明亮而乾淨。

雖然停屍間剛整修完畢，一切都顯得非常現代，但還是有一位「恐怖禮儀師」符合老派的刻板印象：此人是現任資深技術員兼獨行俠，也是個上了年紀的「泰迪男孩」③，還有點像電影《火爆浪子》裡的丹尼・祖哥。大家都叫他阿菲，他也實在是個不簡單的人物，來自那個只有男性從事往生事業的時代。他分成一束束的灰髮抹油弄成泰迪男孩的髮型，還一本正經戴著一九六〇年代風格的厚重眼鏡。他出身倫敦，講話聽起來像米高・肯恩，雖然口音可能略嫌誇張。

停屍間的整修是因為地方政府組織改變，停屍間原本歸屬於公共衛生部門，跟害蟲防治和污物處理單位屬於同一類，現在移轉到合適許多的墓葬與火化服務單位，由新主管阿諾德掌理。阿諾德第一眼看到停屍間和這裡的職員，就決定要徹底除舊布新，並且立刻就從阿菲當時的同事基斯開始，而我到職後不久，就輪到阿菲了。我待上一陣子之後聽說了阿菲和基斯的事蹟，才了解其中緣由……。

由於停屍間過去劃分在公共衛生部門，基斯會利用他模糊的識別證去餐廳享用免費餐點，假裝是負責評分的衛生調查官。顯然，他每天帶他養的狗來上班，讓牠自由在辦公室與骯髒的驗屍區域之間走動……然後再回到他家。基斯在工作置物櫃裡藏了A片，阿菲則藏了武士刀。他們在驗屍室裡吃東西、抽菸，而且穿的是自己的衣服，只在外面圍上一條圍裙：沒有刷手服、沒有拋棄式手套，什麼都沒有。這整個狀況在衛生、安全和工作倫理方面都是噩夢。

不消說，我沒怎麼注意到阿菲。我去詢問志工的事時，主要討論的對象是安德魯：一位嚴肅的年輕男子，戴眼鏡，頭髮是草莓金色，穿著貌似實驗衣的白襯衫，稍微有點像《芝麻街》裡的畢克。顯而易見，他決心要將解剖病理學帶進新紀元，我得

---

③譯注：Teddy boy，一九五〇年代英國街頭年輕男性的次文化裝扮風格，特色為復古模仿愛德華時代的衣著。

說這也怪不了他。從一九九〇年代晚期到二〇〇〇年代初期，停屍間工作尤其經歷了一番改頭換面，這是「科學職業現代化」運動自然的發展結果。這項運動是由思想進步的年輕世代所提倡，他們希望病理學助理的工作能有更多認證機制和嚴格檢驗——阿菲和基斯絕對不可能通過的。

所以，儘管我聽阿菲講話時仍保持禮貌，但幾乎他說的每一句話我都置若罔聞。我每個星期四來到停屍間，安德魯在辦公室裡寄發電子郵件、處理行政文書，並且從頭建立博物館的新管理系統，我則跟阿菲一起去驗屍室。我看著他將死者從冰櫃裡移出，等待檢驗，也遇過許多不同前來進行驗屍的病理學家，在旁為他們的發現做筆記。我的驗屍小筆記本裡增添了許多令人雀躍的隻字片語：

二月二十二日：心肌梗塞是西方世界最常見的死因；二月二十九日：小腿肌發生肺栓塞！看了J醫師在腿上開刀！

我旁觀病理學家執行器官解剖，看阿菲將器官裝進內臟袋，擺回體內，然後觀察阿菲如何重建死者的遺體，讓他們回到暫時的冰櫃墳墓，接著協助清理髒亂的現場。我始終沉默地工作——我並不想跟他交談，因為在許多方面，他代表的都是執行停屍間工作的老方法，不像年輕一輩的 APT 力圖改善解剖病理學的形象。我倒是記得他告訴我，在惡名昭彰的倫敦黑幫柯雷兄弟的全盛時期，他跟他們交過朋友，還曾經幫他們把一具屍體扔下橋、沉進泰晤士河。

我只得禮貌地應和著。

而且，他還告訴我，他打算出版一本他寫的書，題名為《死亡可以很好玩》。他始終沒有如願達成。以他吸菸的頻率，我認真地懷疑他怎麼還活著。如果在生命中的最後時光中，有人在驗屍室裡把他的腹腔當成菸灰缸，那可真是殘酷的諷刺，因為他過去對許多死者那樣做過。

＊　＊　＊

我就這樣一邊讀書、一邊抽空到停屍間幫忙，整整持續了一年。阿菲走人之後不久，較年輕的 APT 傑森便來接手，他當時是代理 APT，意味著他在全英國走透透、到人力短缺的停屍間做短期工作，通常為期一兩週，如果是代理產假之類的狀況，就會長達幾個月。

傑森這個人很有趣。因為熱衷健身，他的體型壯碩，他以同等的熱情訓練我熟悉停屍間工作。我對於停屍間技術員的工作有著浪漫的想像，以為那就像當FBI探員一樣，還以為我也必須具備強健的體能。我以《沉默的羔羊》裡的克萊麗絲．史特林和《X檔案》裡的黛娜．史考莉為模範，成了半個健身狂。我不在停屍間或學校的時候，大多待在健身房。直到我開始做志工工作，我才發現這是明智之舉，因為APT的工作必須久站。健壯的腿肌和背肌是必備的，但在那個時間點，我還完全不知道執行器官剜出需要什麼樣的體力。

傑森准許我自己清洗遺體，為我解釋各種不同殺菌劑的特性，好在我修過微生物學，因此駕輕就熟。他也把裝滿器官的大碗（愈大愈好）遞給我，讓我習慣重量，所以我看起來總是像中央廚房的女工，捧著大碗大碗的義大利麵到處跑，抱怨著背痛。

終於，市立停屍間公開徵求訓練生的那天來臨了，找的就是像我這種想成為專業APT的人，但要從最基層做起，歷經好幾年的實務訓練，最後以通過測驗認證做結。我必須跟其他人一樣提出申請並參加面試。我見了墓葬與火化服務單位的管理團隊，並接受四個面試官的提問——這是我人生中從沒有過的經驗。雖然他們全都和善可親，但我仍然嚇壞了。

還好我的準備都值得，我得到了那份工作！我拿到研究所文憑、離開大學，成為全職的解剖病理學技術員訓練生。雖然我離開了學校，但我知道我的教育之路還沒結束，我還有更多得學，跟我想走的這條職業道路有關的一切事物，我都必須學。

我在死亡世界裡的生涯，就這樣開始了全新的一章。

03 檢驗——以貌取人

「宛如你體內有火灼燒，月亮是你肌膚的光暈。」——智利詩人，聶魯達

某天早晨，我跑進辦公室，見到安德魯在他的老位子上打字。我難以掩飾歡喜之情。「終於來了！」我叫道。

他從螢幕後方抬起頭，對我皺眉。

「這就是我一直在等的日子！」我對他說，「來看看！」

他好奇地跟我走回冰櫃間。一到那裡，我就在推床後方、偌大的前庭中央敞開雙臂，像個對觀眾顯擺的魔術師，讓他看清楚屍袋，以及裡面裝的東西。那是個男人，穿著相當平凡的衣服，還有……女用內衣。而且可不只是普通的女用內衣，而是整套粉紅色的蕾絲內衣，貼身得不可思議，在胯部看起來格外不舒適，因為他那裡

整個被壓平了。這套內衣令人意外，有部分原因是那跟他的運動長褲與T恤實在不搭。他的褲子被褪下到膝蓋，上衣則拉高到下巴處。

我提起這件事，不是因為我認為跨性扮裝在本質上有什麼好笑，而是那一刻——我開始受訓後一年左右——我真心覺得正式進入了停屍間工作的世界，因為遇見了這具不尋常的屍體。每個禮儀師都有些特異的案例經驗，這也將成為我的經驗之一。但我提起此事還有另一個理由，為了說明所謂的驗屍，並不只是把器官取出來、用高級的鑑識儀器判斷底下有什麼；而是從屍體的外表就開始了。事實上，通常是從死者抵達停屍間的那一刻開始。有時候，外在的物品就可能成為指出一個人死亡過程與原因的線索。

在多數類似機構中，冰櫃都是開放式的，而每天早上第一件事就是依照停屍間的紀錄檢查冰櫃的內容物，有點像是隔夜之後進行屍體的盤點。天曉得警察在深夜裡從街上帶了什麼進來，又有誰從病房送來到這裡？或者應該說，搬運工從病房搬了誰下來這裡。冰櫃有四到五層，放得下好幾個成年人，他們各自的氣味混合成一種屬於死亡的烈性雞尾酒。在員工人數較少的停屍間，你可能必須在當天的驗屍工作之前或之後，為新來的死者登記入住，但如果人力充足，你們就可以分工，有些人執行驗屍，有些人清點屍體。不管如何，這都是檢驗工作中重要的一部分，嚴謹的作法需要

兩名 **APT** 合力進行，以便互相檢查確認。

屍體一定需要包裝，就像禮物一樣。有時候單純是用白色的棉質床單包裹，特別是直接從醫院病床上被送來的病人，而其他的通常是用白色塑膠質料的屍袋，或是白色的塑膠包裝布。從我一開始在市立停屍間工作，直到職業生涯的結束，我從來沒有把每天打開屍袋當成瑣碎的例行公事。每一個屍袋打開以後，接著的都是一刻停頓，以及一種不知道裡面裝著什麼的懸疑氣氛。

那總是讓我想到小時候珍愛的鑰匙玩偶，它們是彩色塑膠和橡膠製成的小動物，身體內部的空間可以用一把粗鑰匙打開，讓你藏些小東西進去，避免兄弟姊妹的刺探。有一隻是華麗的粉紅色天鵝，還有一隻是蜜桃色蝸牛，但我對一匹尊貴的紫色小馬愛不釋手。它也是我唯一沒有拿來做驗屍的玩具，因為它的身體本來就可以打開、讓我看到裡面有什麼……裡面是一個叫作「追尋者」的小小朋友呢！

除了身體裡面藏著小驚喜，那些玩具也帶有獨特的氣味，這點也跟我們的一部分屍袋有相似之處，卻是在徹底不同的層面上。

這麼說吧，對我而言，在停屍間的每一天都像耶誕節。這個說法格外應景是在某年的十二月，我們打開一個屍袋，發現一位體態圓潤的老年男子，鬚髮皆白，穿著全套紅色慢跑衣。時至今日，我還是不確定他是刻意扮成耶誕老人，或者這只是個巧到不行的巧合。

一旦我們能接觸到死者，一切便一目瞭然：服裝、佩飾、攜帶的金錢或皮夾、做過的醫療處置、肉眼可見的刺青、傷口……等等。我們會先記錄死者的身高體重給病理學家參考，也會提供給葬儀社，如果他們先知道死者的體型，就可以著手準備訂棺材。測量的方法是利用一根長形的量棒，將病人的擔架從冰櫃移到連接著磅秤的推床上，然後按下按鈕，將遺體抬升或降下。①

接下來是檢查身分標示，手腕和腳踝上應該各有一個，而且兩處的標示必須是一致的。如果死者身上佩戴了任何首飾，而先前運送屍體的工作人員沒有記錄到，此時 APT 會再次核查。

有一條規則是，我們在停屍間不使用「金」或是「銀」這樣的字眼，因為我們無法確定金屬材質到底是哪一種。如果我們在個人物品表格上寫「金戒指」，而死者的親屬看到了，卻沒有在死者身上找到金戒指（舉例來說，那可能只是個在 Topshop 買

①注：有一次接受廣播訪問時，某位女性指出，她的體重連在**死後**都會造成問題，真是個讓人煩躁的念頭。我能理解她的想法。

的金黃色錫戒指），他們就可以為了那個「失竊的金戒指」跟我們對簿公堂。我們的替代說法是「白色金屬」和「黃色金屬」。在十二月中旬登錄財物時，對著你的同事唱「五個黃色金屬戒指——」，可真是有節慶氣氛呢。我們也絕不會寫「鑽石」或是「翡翠」，而稱「白色寶石」或是「綠色寶石」，一樣出於相同的理由。

停屍間冰櫃裡的空位可能是一項奢侈品，彷彿炙手可熱的房地產，畢竟這些人可是死了都要住進去呢！所以從遺體抵達、到接受驗屍、再到放行移送之間的周轉時間，應該不超過兩三天。通常在死亡率較高的冬天，只要空位看起來快要佔滿了，停屍間員工便會陷入恐慌，惟恐發生大規模死傷事件，或是因為寒冷天氣而造成的個別死亡，那樣一來，空間就會不夠用。

「如果冰櫃滿了，我們要怎麼辦？」我慌亂地問安德魯。那是我在停屍間工作的第一個冬天，我們接收的死者人數不斷增加。

他對我解釋，如果一具屍體在我們這裡待得太久，沒有獲得驗屍官的處理或放行指示、送往葬儀社或其他類似地點，停屍間就可能會對驗屍官收取費用。

「按日收費，」他說，「我們都叫它B&B②。」

「嗯，其實只有一個『B』吧，」我眨眨眼接話道，安德魯微笑了。看到他難得露出不那麼嚴肅的表情，真是太好了。

所以，從看到死者的第一眼，外部檢驗就已開始。在我們已經收到的資訊之外，靠視覺接收的訊息能夠為拼圖補上缺角，例如死者的體型不管是異常肥大或異常瘦弱，都可能造成他們的死亡。也許是厭食症或是某種消耗性疾病，器官因此自然衰竭？肥胖可能造成心臟病發，或者也可能有明顯的傷口或外在跡象，顯示死者生前發生了什麼事。另一種能夠從遺體外表發現的現象，則證明了鑑識科學界最著名的「羅卡交換定律」所說的「凡有接觸必留下跡證」。

這條由法國科學家艾德蒙・羅卡（Edmund Locard）在一九一〇年代提出的金科玉律，是犯罪小說與電視劇中所有「微量跡證」的根本法則，包括毛髮與纖維、血液噴濺與精液、鞋印、輪胎痕等等。這些東西都可以在犯罪現場、死者身上和犯罪者身上發現，因為每個物體與其他物體發生接觸時，都會留下跡證。基於職責所在，我們可以在屍體曾遭遇某些情境時辨識出來，特別是狀況與暴力或毒品有關的時候。落葉和細枝代表此人陳屍於室外，而死者身上如果有筆蓋、報紙油墨印和其他居家環境的殘片，則表示此人可能是在不甚整潔的家裡被發現的。

---

②譯注：B&B指的是Bed-and-Breakfast，也就是提供床位和早餐的民宿。

一幅畫面立刻開始成形。

死者在死後呈現的色澤，也可能提供某些線索。一般人多半認為所有的屍體都是膚色蒼白，但其實有些是異常蒼白，跟一般的象牙白相比，幾乎呈現鴿灰色。也許細微的差異需要一點時間才能察覺，但一旦發現，你就能從死者蒼白的程度和死亡突然發生的速度，判斷出病人死於腹主動脈瘤破裂。這種致死因素發生得非常迅速，人體最大的動脈，也就是腹主動脈中的動脈瘤突然爆裂，導致血液湧進腹腔，讓死者看起來像漢默公司的恐怖片裡剛被吸血鬼放血的受害者，也讓我們這些停屍間員工可以從屍體外觀看出線索。

或者，也許死者的膚色比一般預期的偏粉紅一點？這可能代表一氧化碳中毒，因為一氧化碳特別會和血液中的血紅素結合，讓死者染上一種櫻桃紅的色調。相反地，死者也可能膚色偏藍，因氧氣不足而發紺，那麼代表的就是完全不同的死因，例如窒息。病人可能呈現的色澤多如彩虹色譜，讓APT不斷猜測他們是在何種情況下喪生：亮黃色？那是肝衰竭。紫色？消化問題。綠色呢？唔，關於綠色，我們還是說得越少越好，真的。

針對我們冰櫃住戶的初步檢驗中，另一個重要環節是檢查用來使心跳規律的心律調節器和植入式心臟整流去顫器（ICD）。如果病人最後要火化，這類植入式設備必須事先移除，因為它們可能會在火葬場的高溫中爆炸。其實，這類設備通常需要移除還有一個原因，那就是不論零件完整或是只剩部分，它們都可以回收。（完整且功能正常的調節器可以捐贈給發展中國家使用。）如果該病人接受解剖驗屍，那麼設備會在過程中取出，但若病人不需要解剖，還有另一種將侵入性降到最低的移除方式。

我生平第一次移除調節器時，真心以為我要把自己給弄死了。心律調節器和整流去顫器其實是兩種不同的東西，在執行任何切入動作開始移除以前，你必須先分辨設備是哪一種。傑森訓練過我如何處理。這種程序被歸類為侵入性，但可能是學習起來最迅速簡單的一種，所以對 APT 訓練生而言是理想選擇。

某天早上，他拿給我手套和塑膠圍裙，問我是否準備好要「在訓練與檢驗日誌上勾銷新項目」。手套和圍裙讓我以為是要做更多清潔工作。APT 訓練生用海綿都很上手，進停屍間工作的頭幾週都在清理水槽排水孔的毛球和黃色汙泥。雖然聽起來很噁心，但確保水槽不被殘留物阻塞是一項極為重要的任務，而且拿鑷子清掉碎屑有時候也能帶來滿足與療癒感。我抓出淤泥和毛髮，並且把排水孔清得發亮時，簡直進入了禪境。傑森跑去拿縫線、剪刀和手術刀時，我開心地猜想接下來要面對什麼任務。我們已經獲得家屬同意，可以將調節器從死者體內移除，我也看過他執行這個程序好幾次。現在換我動手了。

我利用雙手觸覺在左胸處摸索設備的位置，明顯感覺到它的輪廓。通常隔著皮膚觸摸即可，不過，如果病人體型比較豐滿，就會稍微困難些，因為調節器的邊角呈圓弧狀，而且相當輕薄。調節器的功用是協助控制不正常的心跳，或是所謂的「心律不整」，其原理是利用微量的電脈衝促使心臟以穩定的節律跳動，所以形狀必須做得小巧且平滑不傷人。我將手術刀鋒舉在調節器外的平坦表面時，迅速抬眼看了一眼傑森，警醒地問：「你確定這不是ICD嗎？」

ICD是一種較大型的設備，它的尺寸會讓你對它的存在有所警覺，但當時我看過和摸過的還不夠多，無法判定它和調節器的分別。ICD會植入有心搏停止風險的病人體內，一旦發生心搏停止，就會發動電擊，使心臟重新開機。這種設備不能跟一般的調節器一樣用相同的手法移除，如果有個懵懂無知的APT用金屬剪刀切斷了導線，就會遭到強力的電擊，可能還會送命。其實這時應該要聯絡裝設ICD的診所，讓心臟生理學家來關掉它。心臟生理學家會帶著一臺小機器，用來停止ICD的運作並記錄讀數，確保該臺設備已經不在「活動」狀態，然後就可以用跟調節器相同的方式予以移除，毫不危險，只不過切口需要稍微大一點。

「我確定那只是個調節器啦，蜜糖——但如果是ICD的話，至少妳穿的是橡膠鞋！」傑森眨眨眼說。

然而，在當時的情境，雖然那是我第一次切割人體，但我真的完全不感到緊張，因為我只需要在皮肉上割開一個大約兩吋長的切口。我知道我至少能夠做到**這個**。而且，也因為在我刀下的並不是活人。雖然，對於在停屍間工作的我們來說，死者還是有非常多屬於**人**的成分，但我的潛意識中有一條明確的界線，分隔了活人和死者。稍後，在我的第一次完整動刀時，我因為厭食症牙醫的褥瘡而感受到的幻痛，就只發生過那麼一次，而且我很快就免疫了。我的腦子似乎逐漸理解病人感覺不到手術刀，並且知道我有任務在身，需要專注完成。

我的手術刀劃過調節器的平坦表面，輕鬆割出短短的切口，並在左右兩側用戴了手套的拇指和食指將裝置推擠出來。撐開的皮膚露出了黃色的脂肪組織，還有調節器的閃亮表面，讓我聯想到七葉樹籽從柔軟種莢中膨出的樣子。導線還連接在裝置上，我用剪刀將之切斷，輕鬆完成處置。接著，我用殺菌劑清洗設備，將它放進貼了標籤的塑膠袋，方便「心臟實驗室」來收走。最後，我縫合小小的切口，留下的痕跡幾乎無法察覺。我在縫線表面貼上一塊OK繃、把它按平，然後死者就可以重新裝袋了。

「做得好，蜜糖！」傑森在我的訓練日誌上一個格子打勾，旁邊簽上名字。我距離成為合格的 APT 又近了一步。

移除調節器是為了非常重要的理由，不只是一項訓練活動。在移除調節器成為例行作業以前，調節器造成的火葬場爆炸相當常見，英國從一九七六年就有第一起報導案例。其實，二〇〇二年《皇家醫學會期刊》的一篇論文指出，全英國大約半數火葬場都曾遭遇調節器爆炸，造成結構損害與人員傷亡。

最近期的案例發生在一九九〇年代末期的法國格洛諾勃（Grenoble），一位老人的心律調節器以相當於兩公克TNT炸藥的威力爆炸，造成了約莫與四萬英鎊等值的損失。死者的遺孀（並未告知火葬場死者身上有調節器）與醫師（沒有檢查是否有調節器）均被宣判過失損害的罪名，必須賠償。

除了調節器和ICD，還有其他植入物也需要在檢驗時特別注意，如果死者將接受火化，可能需要移除。所以我們必須仔細檢視遺體和文件。

初步外觀檢查中最明顯的附加物之一，是隆乳填充物，特別是在老年女性身上十分顯眼，當身體其他部位都垂在擔架上時，它們仍兀自抵抗著重力。事實上，它們在死者身上時，比起在活人身上更明顯，因為它們會在冰櫃裡受凍、硬化，最後變得像兩頂警用頭盔！不過，它們在火化時並不會造成太大問題，因為它們只會產生黏稠的殘餘物，最後還是會在機器裡燃燒殆盡。

然而，另一種相對新型的金屬植入物，骨髓內釘，可就是不同的狀況了。骨髓內釘是用來治療長骨的骨折，例如手臂的肱骨和腿部的脛骨與股骨。這種可伸縮的裝置放入骨骼中的骨髓腔之後，以液壓機器注入生理食鹽水。二〇〇六年刊出的一篇論文描述了這類新型植入裝置在死者身上的狀況，案例是一名手臂有此植入物的七十九歲老年男子接受火化：

「在火葬場，有一名員工從透明的觀察窗看到棺材爆炸時焚化爐起火的情景。建築物內其他地方的員工也都聽到且感覺到爆炸起火。焚化爐遭到嚴重的損害，員工也飽受驚擾。事後發現爆炸的起因是肱骨內釘。」

由於液壓式骨髓內釘內部灌有生理食鹽水，火葬場機器的高溫導致食鹽水蒸發成水蒸氣，於是在狹窄的金屬外殼中發生爆炸。這類事件說明了仔細的初步外觀檢查多麼重要，我們必須睜大眼睛隨時注意各種可能。完成這些檢查之後，死者就可以回到冰櫃裡，我們則等待消息通知需不需要為他們進行完整的解剖檢驗。

＊＊＊

有人喜歡檢驗嗎？不管是牙醫檢查、乳房檢查或學校考試，「檢驗」這個字通常暗示著負面意涵。但我們就是逃不了檢驗：我們到哪兒都會遇到它，甚至似乎在死後亦然。

為了比我當時擔任的停屍間助理（或者是APT訓練生）職位更上一層樓，我必須在兩年後參加解剖病理學技術的考試，並在期間內完成實地訓練。再經過兩年的工作與考試之後，就可以從APT晉升為資深APT。雖然所需時間跟修讀學位一樣長，但這是技術證照，而非醫學證照③。APT和病理學家的差別是，病理學家是合格醫師，在修畢醫學學位之後繼續專攻病理學，也就是關於死亡和疾病的研究。他們通過更多考試，而且先花了幾年治療活人，那可是我絕不想做的事：我的興趣在於人死後的處理程序，以及其中的故事。

當時，我正在努力完成APT訓練流程的第一部分，目標是取得證書，但我怕極了考試。實地學習是很棒的事，尤其這可是貨真價實的第一手經驗，我也擁有所需的各種資源。被病理學家或是傑森問到關於人體解剖學的問題時，我可以在面前看到實體。試割某種特定切口時，我也會旁觀幾次後自己嘗試。我有充分的理由讓我想學習這些技能——這些技能是為了社會的共善服務，能夠協助診斷出疾病，或是在鑑識解剖中幫助病理學家作判斷，或許能將殺人犯繩之以法——而且我在達成目標的途中並沒有遇到什麼阻礙。

但是，想像一下，如果得在沒有東西供練習的狀況下，學習解剖學知識和侵入性的技術呢？這是許多時代的醫學生都面臨的問題：如果對人體不熟悉，要怎麼成為醫師？如果沒有人體解剖，要用什麼替代？人造模型？動物？也許可以，但只能替代到某個程度。誠如知名英國外科醫師兼解剖學家艾斯利・庫柏爵士（Sir Astley Cooper）所言：「如果沒有在死者身上動過手術，就會在活人身上出大錯。」

過去一千年來，以教學為目標的人體解剖與檢驗有時得到認可，有時遭到排斥，端看當時政治與宗教的思想潮流。已有啟蒙思想的古希臘人並不把解剖視為對死者的悖德褻瀆，而認為那是拓展科學認知範圍的方式。希臘醫師希羅菲盧斯（Herophilus of Chalcedon）和埃拉西斯特拉圖斯（Erasistratus of Chios）因此被當作對人類屍體進行系統性解剖的先驅，他們在公元前二〇〇年記錄了發現，稍後創立了亞立山卓城的大醫學院。

不過，問題是，這樣的自由空間可能使希羅菲盧斯的熱忱發展得過度強烈，傳言

③注：不過這份證照已經由第三級國家文憑改為第四級。

他曾經對大約六百名囚犯做過活體解剖，也就是在他們還活著的時候予以解剖。但是，隨著羅馬帝國的發展，解剖終究淪為非法行為。這是宗教信仰的緣故：羅馬法律將侵擾死者屍體視為不虔誠或冒瀆的表現。後來，這導致像是蓋倫（Galen，希羅菲盧斯的追隨者）這樣的醫生，在公元二〇〇年改而解剖檢驗巴巴利獼猴等動物，再將知識應用於人類（根據我的經驗，對於猿類生物學與行為的知識只能應用在某些青春期男孩身上）。

蓋倫主張人類像狗一樣有兩塊下頜骨（但我們其實沒有），也認為血液是從心臟的一側通過小孔流到另一側，而非經由現今所知的循環系統。蓋倫的論述存在著許多前後矛盾，但這無礙於他的「知識」屹立一千四百年之久。蓋倫在有限的管道下克盡最大努力，但是由於缺乏正確資源，他的許多推論純然是猜測。

隨著文藝復興的發展，科學學門在其後的數百年間有了系統性的成長，醫學教育也開始興盛，終於有人發現蓋倫的學說純屬臆測。舉例來說，在民智已開的文化中，十八世紀的巴黎發展出一套將大體捐贈予醫學院的系統，遠比美國和英國先進許多。但即使是有地位的學院，也苦於屍體短缺。學生的解剖學演示是由一位博學的教授指導一名理髮師兼外科醫生在單一具屍體上執行解剖，學生在旁觀看：這樣的教學稱不上是「第一手」。

如果蓋倫算是解剖界的梅爾・吉勃遜（有些怪點子的過氣老頭），那麼這門技藝的萊恩・葛斯林（令人心動的年輕新秀）就是維薩里（Andreas Vesalius）了。解剖學家維薩里生於一五一四年，是當時那個新紀元的反叛份子，而且的確心懷抱負。如果那個時期的蝕刻畫足以採信，那麼他同時長得相當好看。也許有著玫瑰色雙頰的文藝復興仕女會把他的蝕刻畫像掛在臥房牆上，針對他的解剖學特徵做些意有所指的評論？誰知道呢。他是個意志堅決、聰明出色的學生，一生渴望成為解剖學家，童年時總在捕捉和解剖小動物，最後進入巴黎大學。

他十八歲就已精通所學，而且為了盡可能地學習，時常偷溜到巴黎城牆外惡名昭彰的蒙福孔絞刑場，竊取剛遭處決的屍體，並且在巴黎神聖公墓觀察骷髏頭和人骨。他會帶著寶貴的戰利品悄悄返家，在深夜就著燭光對屍體進行解剖檢驗。這種顯然邪門的行為終究是有成效的：維薩里成為革命性的人物，年僅二十二歲時就為年輕學生開了解剖學課程，並親自解剖大體。他的插圖本鉅作《人體的構造》出版於一五四三年，終於證明了蓋倫的學說並非解剖學知識的可靠來源。然而，就像所有的革命性人物一樣，也有不少反對者拒絕採信這位年輕的異議份子，使得他不得不持續為自己辯駁。

醫學生與解剖學家就此清楚地認知到，古老的觀念已經不堪倚靠，而人體解剖是他們的學業精進之路上必要的一部分，儘管遲至十六世紀，解剖都仍在英國遭到禁止。很快地，他們就會為了實際得到這項經驗而不顧一切。

在英國，正規大學剛開始教育年輕外科醫生的時候，大體只能依照一七五二年的《謀殺法》合法捐贈給醫學院作為解剖檢驗用途。這代表遭到處決的罪犯會成為「解剖劇場」舞台上的主角明星，不論他們意願如何。該法案具有雙重意義：為需求孔急的學生提供了研究材料，也嚇阻了潛在的罪犯。那是當時眾多虐待狂式的二次處刑方式之一，因為置人於死還不夠，其屍體也必須承受某種形式的折磨，通常少不了分屍。

折磨屍體的實例包括「掛拉分」④，還有死後斬首，屍體的頭顱被插在木樁上，就像竹籤上的棉花糖。這些刑罰背後的邏輯很簡單：當審判日來臨，死者從土中再起、立在天堂門前（根據聖經的描述），如果你被切成四塊、缺手缺腳、像破洞的垃圾袋一樣滴滴答答，那就沒有獲准進入天堂的機會了。在基督教義下，接受解剖就等同於沒打領帶而被俱樂部拒於門外。這些關於大體解剖、器官捐贈、人體標本、甚至火化的負面聯想，時至今日都相當盛行，一部分就是因為宗教帶來的恐懼。

＊＊＊

儘管設立了《謀殺法》，十九世紀英國設有醫學學位的近十所大學仍然缺少屍體，導致「掘屍人」做起偷屍體的骯髒生意。就像維薩里一樣，掘屍人會趁夜前往墓園，尋找新下葬的屍體。他們是專業人士，使用木製的鏟子取代金屬鏟，如此一來，路過的行人就聽不到鏟子與土地撞擊的聲音。他們會在頭部位置打開棺材，然後在死者上半身套一圈繩子，不動聲色地將屍體拉出來。所有的衣物和首飾都必須放回棺材裡，因為法律禁止盜墓，卻沒禁止偷屍體。這是一項縝密的行動，只有一個目標：獲取供解剖用的屍體。差別只在於，這些人並不是親自執行解剖以求精進醫學知識的醫學界人士，只是為了賺錢而入行的普通人。

這些團夥來往於醫學院和墓穴之間，大學的管理者付錢給他們，讓他們盡可能為學生找到更多可用的屍體。他們收入頗豐，偷屍體一個禮拜賺到的酬勞，等同於一般工作好幾個月份的薪水——而且他們還可以放暑假呢（因為需要保冷，解剖只會在秋冬兩季進行）。其實，有些醫學生付的學費，就是靠偷屍體賺來的收入。經濟學者露

④譯注：Hanged, drawn and quartered，又稱英式車裂，受刑犯人先被吊死或吊至半死，然後遭到閹割、開膛，最後則是斬首。

絲・理查森（Ruth Richardson）針對這個主題寫道，「蘇格蘭的解剖學學生，還可以用屍體代替錢幣來支付學費。」

我現在任職的聖巴賽羅穆醫院（St Bartholomew's Hospital），從一七九〇年代外科醫生約翰・艾柏納希（John Abernethy）創院起，就對屍體交易毫不陌生。有一種發明於一八二九年、用以幫助消化的甜味烘焙點心，即是因他而得名⑤。他認為疾病時常是肇因於消化器官的不穩定狀態，應當用清腸及控制飲食的方式來治療——這個理論至今仍相當流行。

知名的「戰爭風雲」酒吧就在醫院對面，雖然它已在一九一〇年拆除，原址僅留下紀念碑。碑文說明得十分清楚：

> 在盜屍盛行的年代，「戰爭風雲」是河北岸掘屍者的大本營。店主展示的房間裡，牆邊的長凳上，就是過去屍體擺放的地方。那裡還標示了掘屍者的名字，等著聖巴塞羅穆的醫生過來談價錢。

這段碑文並未明說當時是否有一間獨立的房間專門放屍體，或者屍體就放置在酒吧的長凳上，跟那些來喝一杯的工人為伴。如果是後者，那麼我想他們一定會比平常多喝上幾杯。

當時出現了許多嚇阻商人接近新鮮屍體的辦法，而且所費不貲，只有富人負擔得起。包括雇請守衛日夜監視墓園、建造護屍籠（罩在墳墓上方的鐵籠，底座深鑽在土裡，用以保護屍體），甚至有墓園專用的槍，用來對趁夜進入墓地的人開火。當時的人往往得守護死去的親友長達數日，以免遺體被偷走轉賣。終於，這讓掘屍人開始不耐煩，蘇格蘭的柏克與赫爾一案成了最後一根稻草。這個雙人組認為把屍體挖出來實在太費事，於是乾脆謀殺活人，把（非常新鮮的）貨品賣給在愛丁堡皇家外科學院教授解剖學的諾克斯（Robert Knox）醫師。他也樂於對他們的罪行睜一隻眼閉一隻眼（這相當符合字面上的意思：由於兒時感染天花，他一眼失明）。殺人犯的動機激起了群眾的憤慨，一八三二年的《解剖學法案》意味著屍體盜竊這門「駭人聽聞」的生意被迫告終。如同巴黎行之有年的做法，法案規定：醫院、工廠和街頭無人認領的無名屍可以捐贈給具有聲譽的學院。

雖然解剖學的歷史看起來充滿了離奇怪事，但普遍而言，歷史上這群投入科學的

⑤注：艾柏納希餅乾，即消化餅。

人士，不過是亟需學習與教學的方法。屍體的稀缺程度解釋了我現在管理的醫學藏品何以存在。這些罐裝的解剖學與病理學標本，是特別從當時少數可用的屍體上摘除下來的，或來自接受手術的活體病患。這些標本是歷史悠久的實證，也是使用多年的輔助教材。這證明了解剖並不是徒勞無功的行為，而且在最大程度上造福了世人。

在接受停屍間工作考試前的那幾年，我也利用了類似的博物館所收藏的標本——例如倫敦的亨特利安博物館——來輔助學習。這些標本已有數百年歷史，但仍然能夠在解剖學與病理學方面教導現今的APT。現在身為巴特博物館的技術策展員，我覺得我已功德圓滿，盡了一己之力將這些知識傳播給他人。

大部分的測驗都非有張紙不可，屍體的外觀檢驗也不例外。停屍間通用的「外觀表格」在世界各地格式都差不多，上面有兩張圖：一張是裸體、光頭、不分性別的正面人像，另一張是同一個人的背面圖。

這份通用的人體示意圖上會畫滿小記號，代表死者的衣物脫下之後所有能觀察到的外表特徵。舉例來說，你可以在相應的位置簡單畫個大「X」來代表刺青或是傷口，但我喜歡在圖表上畫出刺青、胎記和傷疤的迷你版本，一方面是力求寫實，另一方面只因為這有助於我給予案件一個具有真實感的身分。

就如同許多其他知識，外觀表格是由傑森介紹給我認識的。但一陣子之後，傑森離開了市立停屍間，改赴一所距離我們只有五分鐘路程的醫院高就。他的繼任者六月就來了，也是一位代理人，來自利物浦，負責監督我餘下的訓練期。有個新的學習對象是件很棒的事，特別令人耳目一新的是，這位名叫茱恩的繼任者是位女性。當時，殯葬工作者的性別比例正好開始轉變，女性似乎開始打進這個行業。

有趣的是，對女性而言，這並不是史上頭一遭。前文提過，起源於十九世紀德國的殯葬館，所雇用的第一批禮儀人員就是女性，她們被稱為「leichenfraus」，意思是「屍體的新娘」，負責為死者打理外表，並安排葬禮事宜。而後，英國開始設立「死者之屋」，使得亡者能夠獲得館內人員日夜看護。雇用女性擔任禮儀人員、並由殯葬管理單位購置「合宜的黑色洋裝」供其穿著，能夠使大眾相信他們親人的遺體會得到細心而有尊嚴的照料。⑥

此後，我們經歷了兩次世界大戰，時代改變了。女性開始進入各種過往由男性主導的職業領域，也包括往生事業。茱恩就是當時首波先驅之一，她參加青年職業訓練計畫，正式受訓成為遺體防腐師時年僅十六歲。那是一項專為十六、七歲就不再升學

---

⑥注：資料出自前文所引，潘姆．費雪（Pam Fisher）的文章。

的年輕人所設立的職訓課程。她什麼大風大浪都見識過，有很多東西可以教我，同時還非常搞笑。茱恩和我剛開始一起驗屍的病人之中有個慘烈的案例，一位跳樓的男子，被送進停屍間時，已經四分五裂了。

在停屍間工作的一年間，我已經看過許多令人不安的案例，從車禍到自殺都有，但這一具屍體算是最支離破碎的。一個人的身體能夠遭到如此深重的傷害，讓我既好奇又深受震撼。人類的本能就是在想轉開視線的同時又想看，這是個自然的矛盾。那幅景象讓我震驚難平。他的顱骨左半邊完全撞碎了，傷勢嚴重到四肢斷裂、骨頭穿破皮肉，使得外觀檢查十分困難。我必須在外觀圖表中的手腳畫上大大的科學怪人式縫線圖案，表示斷落的地方。他的腦子有一部分是從地上挖起來的，裝在小塑膠袋裡，跟屍體一起送來給我們。我永遠忘不了當時茱恩隨性地問我：

「妳有在那袋腦子裡找到他的左眼球嗎？」

「呃——我還沒去找，」我緊張地回答。

我還在努力打起精神面對這個棘手的案例，還沒準備好要在那團軟軟的灰色腦組織裡找一顆我根本不確定有沒有不見的眼球。

「噢——沒關係，在這裡呢，」茱恩說著指向他的右腿——那顆眼球不知怎麼地滾到他身下，這會露了出來、朝上看著我們，像魚販櫃臺上鮭魚的眼睛。她從我手中拿過夾板，在外觀檢查表格上畫了一顆從腿上露出來的眼珠。她甚至還加上了眼睫毛和一點視神經。

我大笑出來，但笑聲卻變成一陣哽咽——我差一點就可以用笑聲蓋過——我於是了解，茱恩表現得這麼輕鬆，是有原因的。她得在我崩潰之前讓我稍微轉移一下注意力。她畫的眼珠讓我能夠釋放掉一點點可能會阻礙我工作的情緒。在那之後，我覺得輕鬆多了，像是打噴嚏讓頭腦變清醒，終於又能專注於手邊的任務了。

我把夾板拿回來，繼續記錄眼前所見的多處傷口。整個過程中，我心裡始終想著，我離大學時光已經好遠了，那時的我只會在紙上用「脛骨」、「跟骨」和「蝶枕軟骨聯合」之類的術語為骨骼做標示呢。正如我的猜想，課堂和教科書都無法讓你準備好面對停屍間的現實。

04 難搞的腐屍檢驗——低俗小說

「衰敗也是肉慾的一種形式。秋天就像春季一樣誘人。死亡和繁衍同樣有著偉大的內涵。」——法德詩人，伊凡・高爾（Iwan Goll）

組成腐敗氣味的分子豐厚而薰人，簡直像是實際存在的固體。它帶著一股強烈、瘋狂的甜味在你喉嚨後方推戳，感覺就像正跟腐爛的舌頭舌吻，而且吻得太深。但是我們不像電視上的菜鳥員警和老鳥警探朝鼻孔裡抹薄荷油來掩蓋腐臭，APT和病理學家必須學著與之共存。因為每個分解中的屍體聞起來都不盡相同，在那陰暗的嗅覺光譜也許藏著死因的線索——在身體器官已經腐敗成漿泥、無法辨識病理徵狀的案例中，這樣的線索有時至關重要。

但除了這個原因以外，對臭味投降終究比較好，因為腦部最後會停止接受強力的嗅覺訊號（就像你以為自己聞不到一段時間以前噴的香水，但其他人絕對能聞出來），氣味就變得尚能忍受，甚至感覺舒適。

我先前寫到過，大部分時候，對於樂意把握機會將技能應用在各種案例的APT而言，每天早晨拉開新屍袋都是相當正面的經驗。但仍有些事物會令人恐懼，那可不是鑰匙玩偶獨特而甜美的粉香，而是腐敗中的屍體所散發出猶如惡兆、令人窒息的臭味。你早上一走進停屍間，稍稍捕捉到那股絕不會認錯的臭氣，這時你就得到暗示了，但要等到裝在黑色屍袋裡的死者從冰櫃裡被拉出來時，你才終於能證實。此時彷彿有一陣戲劇化如交響樂的「登登登」爆響而出，隨後跟著鑼鈸敲擊和閃電霹靂。

備受畏懼的黑色屍袋比薄薄的白屍袋耐用很多，所以主要用在我們簡稱為「腐屍」的遺體。但是，如果沒有可用的黑色屍袋，那麼死者就會用普通的白色屍袋包裝兩層——有時甚至包到三層——那對APT來說同樣是不祥之兆。當工作人員拉開屍袋拉鏈，露出的卻是裡面又一層白色塑膠和又一條拉鏈，那感覺就像在玩一場你根本不想玩的拋接遊戲。

這道工業級包裝之所以必要，是為了將許多種物質留在袋內，也遠離冰櫃中的其他屍體，包括氣味、液體、蛆蟲、蒼蠅、青蛙與蝸牛與小狗的尾巴等[①]……所有構成腐屍的成分。

* * *

我跟茱恩談了個條件，如果我負責所有的腐屍，體型過大（「肥胖」的政治正確說法）的屍體就歸她檢驗。她再開心不過了，儘管她無法理解我的選擇。

「為什麼？妳為什麼想要這樣？妳那小腦袋裡在想什麼啊，小不點？」（她叫我小不點是因為我當時還在努力上健身房，體態仍然很纖弱，讓我在應付體型較大的屍體時有點困難。）我對她說明過我的害怕——我怕我會跌進屍體的體腔裡，雙腿像搞笑漫畫一樣突出來在空中亂踢。大部分的 **APT** 都對腐屍恨之入骨，但我並不介意，畢竟我小時候幫那麼多曝屍路邊的動物辦過葬禮，早已經驗老到。我認為分解中的遺體相當引人入勝，我也很快就對它們的濕氣、啪嘰聲、腐臭味和無窮無盡的昆蟲群免疫了。

所有佔領屍體的生物都能勾起我的興趣——一如我在大學時修讀的鑑識昆蟲學——以前我常常把驗屍時發現的蛆和其他昆蟲採集起來，放進白色蓋子的培養皿，趁午餐時間轉送到同一條路上的利物浦世界博物館。我可以在吃三明治的同時開心地跟昆蟲學家大聊那些蟲子屬於哪個物種。其實多數情況下，永遠都是英國常見的那些蒼蠅和幼蟲，例如綠頭蒼蠅、酪蛆、麗蠅……但我喜歡跟專家們談昆蟲學，看著無數抽屜裡的昆蟲被釘在牠們小小的白色病床上。博物館的員工甚至管我叫「蛆蛆小妹」——我想這是個親暱的稱呼吧，大致上也很適合我：你知道的，我常常需要在驗屍途中把蛆從衣服上抓下來——有一次甚至是從我胸罩裡抓出來的。

那可就不尋常了。

不尋常的不是那些蛆蟲本身，而是牠們竟然有辦法爬到我的胸罩上。在某些停屍間，蛆蟲每週都會出現，到了夏季則可能成為每日常態。人生不幸的現實是，許多人孤獨地死去，過了很久都沒被發現——不管是出於他們的選擇或是巧合使然。（比如有個格外悲傷但罕見的案例，喬伊絲・卡蘿・文森於二〇〇六年被人發現陳屍家中，但她在二〇〇三年時就已經死了。過了三年，電視仍然開著。）這代表他們的屍體成了腐食生物爭奪的棲息地或食物來源（有時兩者皆是）。

通常，處理場面特別慘烈的驗屍時，我會穿上全套防護裝備，刷手服外再罩一件綠色棉質手術衣②。手術衣並不防水，我不小心靠在驗屍臺時，衣料可能會吸沾任何

①譯注：典故出於〈鵝媽媽〉童謠：「小男孩是用什麼做的？青蛙、蝸牛與小狗的尾巴。」

②注：我們每天都會換上乾淨的刷手服，把脫下來的扔進洗衣籃，等醫院的洗衣服務人員來收走、洗淨後再送回來。有時處理完腐屍之後，我們會脫掉刷手服、沖澡，再換上新的一套。

濺到表面的液體，所以最外層還會再綁一條拋棄式的塑膠圍裙。穿戴白色塑膠袖套也是基於類似的原則，雖然乳膠手套可以遮蓋雙手，但長度只到手腕。拋棄式袖套的兩端都有鬆緊帶，貌似未來主義風格的閃亮保暖腿套，能夠保護質料易吸水的手術衣袖子，以免碰到蔓延開來的一波波鮮血和體液、一路沾到手肘。而且，我不只戴一雙乳膠手套，而是戴兩層，中間還夾一層「防割」纖維手套，儼然是安全防護三明治。

這是為了應對手術刀和針頭的傷害風險而做的必備措施，在驗屍過程中，那是每天都會面臨的危機。我們把「防割」纖維手套叫作「鎖子甲」，因為這種材質是用細到不可思議的金屬線混織而成，可以保護皮膚不被滑開的手術刀割傷。然而，為了讓手部能夠保持靈活，線與線之間的空隙相對較寬，也就是說，針頭或手術刀的刀尖有時候還是能從縫隙中穿入。這時，額外的那層乳膠手套就派上用場了：銳利的金屬刺入時，兩層手套可以「拭淨」顯微層級的血跡和碎屑，即使皮膚被割破，也比較不容易感染。若是為了避免傳染性疾病，再微小的努力都有必要。

這套行頭還要加上髮網和塑膠面罩。每次呼吸，面罩上都會起霧，你可以想像得到夏天進行驗屍的感覺有多麼濕熱、多麼「光鮮亮麗」。

那隻蛆就是這樣跑進我胸罩的。那天，狹小的驗屍房裡熱到不行，冷氣已經不是第一次故障了。更要緊的是，抽風機也壞了，本來它的作用是要讓所有空氣傳播的病原體遠離我們的臉部、沉降到地上，這樣造成的災害比較小。我決定放棄棉布手術衣，直接在刷手服外綁上塑膠圍裙，塑膠袖套也直接戴在手臂皮膚外。這樣做好像聰明多了，總好過穿著棉布手術衣在驗屍程序中途熱衰竭昏倒，倒下去的時候搞不好還會在驗屍臺的邊角撞破頭。

我當時是左右為難。

即使如此，我還是感覺到塑膠罩在皮膚上那種令人窒息的效果，我的一顆顆汗珠被困在非滲透性的空間裡，隨著手臂的姿勢改變而流來流去。面罩一直因為我臉部的高溫而起霧，讓我看不見東西，所以我也把面罩摘掉了。少了面罩和手術口罩，我確實感覺舒適了些，但是頭戴髮網、手拿長勺將脂肪和血液撈出體腔的我，看起來就像個邪惡的廚房女工。

「妳那邊還好嗎，小不點？」茱恩朝我喚道。她臉上帶著一絲饒富興味的幽默。她總是認為我會後悔自告奮勇處理腐屍的決定，但我並沒有。

「很好，我可以的。不算太糟啦，」我回應。但接著，我感覺到某種涼涼的、蠕動著的東西掉進我刷手服上衣的V領。我的領口沒有手術衣保護，對入侵的物體毫無防備。那隻蛆巧妙地降落在我的胸罩布料和胸部之間時，我已經扔掉了PM40手術刀③，瘋狂抖動刷手服的前襟，左右交替地單腳跳躍，直到我確定牠已經跑出來、掉在驗屍房的地板上。那時我才發現茱恩笑到快斷氣了——她有看到蛆爬上我的肩膀，預知會發生什麼事，卻沒有警告我。我做了個計畫，很快就要報仇雪恨。

被禿鷹環繞著的腐屍可說是自成一個生態系統。我並不相信生命的輪迴轉世，也就是人的心智和靈魂會保持完整不變，隨著時間過去而寄宿在不同的身體或容器裡。但是看著新生的幼蟲活動、爬竄的甲蟲吞噬腐爛的血肉，讓我理解到「生命循環」的真義。

熱力學第一定律指出，能量既無法憑空創造，也不會消滅，只會轉換形式。也就是說，力可以從一處流動到另一處，而封閉系統中的總能量仍維持不變。如果我們把地球和其環境中的動植物視作一個封閉系統，那麼所有往生者的生命力，想必是轉而驅動了那些以屍體為食的昆蟲，或是在土葬之後流入土地。同一片土地長出的蔬果餵養了我們，以及那些我們捕食的動物，這樣一來，能量就「輪迴」了，或說改變了形式。挪威畫家孟克簡潔地說：「從我腐爛中的軀體將會長出鮮花，我將在花叢中得到永恆。」

但為什麼分解中的屍體會成為這樣的生態系，或說生物群系？我們得先詳細探討腐敗的過程，才能論證為什麼表面上如此噁心的東西能夠供養數以百萬計的生物，並且認知到，如果沒有那些生物，我們周遭的屍體就會堆得及膝高了。如果你屬於那種看電影時不敢直視恐怖畫面的人，或是每次看到蜘蛛或老鼠都會驚跳起來，那麼你可能會想跳過下一個段落……

腐敗是從心臟停止跳動之後開始發生，儘管很多人會主張「百憂解」樂團的歌詞寫的「從我出生，我就開始腐爛」。然而，以我們的專業而言，分解是在死亡之後立刻開始，通常分為五個階段：新鮮期、發脹期、活躍腐爛期、進階腐爛期、腐爛殘留期。我們從「新鮮期」開始——我很早就發現，「新鮮」一詞用在屍體上時是個相對的概念，並不是指新鮮空氣的那種新鮮，而比較接近新弄髒的尿布或新產生的污水的那種程度，意思是「好吧，你不會想要把臉湊上去，但相信我，還有**更**糟的」。

新鮮期

在第一階段，最廣為人知的死亡跡象就是死後僵硬或屍僵，在死亡時間後的一到四小時開始發生。這個現象是由於肌肉中幾種在生前「攜手合作」創造身體動作的蛋

③注：有趣的是，我們學到要在驗屍房裡忽略我們的自然反射動作，如果弄掉了什麼東西，就讓它落地吧。這是因為，如果試圖抓住半空中的PM40手術刀或開腦刀，下場可能是少掉幾根指頭。要習慣這種事，感覺挺奇怪的。

白質無法放鬆，因為能夠讓它們鬆弛的物質三磷酸腺苷已經不再形成。屍僵從小肌肉開始，例如眼瞼、下巴、脖子和手指。虹膜中也有一些這類的小肌肉，所以測試死亡跡象的一種方式是對著眼睛照射光線：死者的瞳孔無法對光線產生收縮反應。其他受到影響的還有豎毛肌，就是能使哺乳動物毛髮移動的微小肌肉，例如雞皮疙瘩即是這樣造成的。這種使毛髮直豎的動作，引起了人死後毛髮還會繼續生長的誤傳④。

在死後的四到六小時之間，大肌肉也受到屍僵影響，屍體癱軟的第一階段（初步癱軟）結束後，就會變得通體僵硬、難以扳動。四肢僵硬的程度嚴重到如果被移動成不同姿勢，關節可能會斷裂。我親自聽過那種響亮的碎裂聲，不過我不可能有足夠力氣折斷屍僵狀態的肢體，也完全沒有理由那樣做。

我驗屍的案件大部分都是處於某個階段的屍僵狀態，有時候這會造成檢驗的困難。比方說，做外觀檢驗時，病理學家必須檢查生殖器與肛門——這是每具屍體都適用的標準程序之一，為了確保不錯失任何線索。在某些女性案件，我和病理學家得一人抓住一條僵硬的腿，慢慢分開，像在拉開一組巨大的槓桿。這種行為毫無尊嚴可言，但是每次驗屍都包含這項檢查，好讓病理學家能夠發現可能存在的疾病，或是確認有無遭到性侵害的跡象。如果死者曾遭侵犯，卻沒人發現，可能代表加害者就此逍遙法外。

驗屍時的許多行為看起來可能有失尊嚴，卻都是必要的程序。話雖如此，我仍然有些時候會過分敏感，被病理學家的觸碰或動作給嚇著。我記得有一個案件是一名無家可歸、懷有身孕的少女，年僅十五歲就跳樓自殺了。她最後的地址是一間收容所。她有嚴重的藥癮問題。自殺、用藥、懷孕、無家可歸，才十五歲就面對這麼多問題。跟我一起負責案件的病理學家帶了一群醫學生進驗屍房，我知道他們是來觀摩學習的。那名青少女長了生殖器疣，醫師注意到了，要我幫忙撐開她屍僵的雙腿，好展示給學生看。我當場崩潰大叫「不行！」我不由自主地想，這名少女已經遭受過諸多打擊，生前可能也無力保護自己，承受了許多屈辱和侵犯。我不能再讓她承受一次相同的遭遇了。我無法容許那些學生把她當成某種標本，盯著她的私處瞧，明明他們在還活著且同意觀診的病人身上就可以輕易看到生殖器疣了。他們的參與對這個案件來說並不恰當。病理學家瞄了我一眼，對於我的失控態度什麼也沒說。不過從他看我的眼神就知道，他認為這種反應根本沒必要。

④注：同時，因為脫水導致皮膚萎縮，也會讓指甲看起來好像變長了。但其實當然並沒有。

＊＊＊

在屍體完全僵硬之後，另一項死亡跡象變得更明顯，也就是屍斑，又稱作lividity或是livormortis（兩者在拉丁文中都是「紫」或「藍」的意思）。我們用「臉色發青」來形容生氣的人，就是因為他們的臉變成青紫色。屍斑是皮膚上紫粉紅色的斑點，一旦血液停止流動、因重力而往下沉降時就會形成。這代表血液會停留或積聚在身體最低處的空間，除了和其他物體接觸的地方，因為那些地方的身體空間受到拘束或壓迫。

所以，舉例來說，如果一個人死的時候是仰躺著，她的下背部和肩胛與床接觸的地方會是白的。她的臀部、小腿和腳跟也會是白的，或是出現轉白現象。緊身的衣物，例如胸罩肩帶，也會造成轉白現象。有些案例身上的白色痕跡非常明顯，我甚至可以讀出衣物品牌名稱留在他們腰上的印痕，例如凱文．克萊或是Superdry。

大約十個小時後，這種脫色現象會更顯著，而約十二個小時之後，則開始「固著」，意指包括深色的屍斑與淺色的轉白現象等所有膚色的變化都不會再復原了。這是一個變數很多的進程，所以並不總是能指出精確的死亡時間，但是，如果屍體在固著現象發生前被移動過——比如說從椅子上移到床上——就會形成第二組色差痕跡，調查案件的執法人員可以籍此分辨出是否有人對於屍體被發現時的狀況說了謊。

在我的經驗中，各式各樣的東西都可能在皮膚上留下痕跡，揭露許多關於死亡現場的真相。墜積性充血會根據死者的姿勢而發生，所以一個上吊的人腰腹部會較為蒼白，但雙腿則充血到呈深紫色，這叫作瘀積。瘀積可能導致上吊的男人看似死時處於勃起狀態，但其實只是血液隨著重力流到所有能夠積聚的地方。

非常重要的一點是，病理學家和 APT 必須能夠在外觀檢查時分辨出瘀積與瘀傷的差異，因為真正的瘀傷可能代表導致某人喪命的狀況。傷痕所呈現的樣式形狀，可以為我們提供資訊。舉例來說，小腿的瘀傷在酗酒者身上很常見，因為他們在家裡時常跌跌撞撞、碰到家具。再加入其他證據一併考量，例如肝病，以及酒精在血液裡那股中人欲嘔的甜味（這是我們不能往鼻子塗薄荷油的另一個原因），我們就漸漸能拼湊出死者是怎麼離開人世的了。

我們的其中一個案例是一位已知是酗酒者的女士，她的上臂有些瘀傷，引起了病理學家的懷疑。

「妳看這像是什麼？」他問我。

「手指印。」我回答，證實了他的想法。

有一組四個橢圓形的瘀傷在她的三頭肌上排成一線，彷彿有人用手抓住她的上臂。考量她身上的其他傷勢，現在看起來她很可能是遭人毆打，而不是自己跌倒弄傷。同時，她身上也有瘀積的痕跡，改變了很大一部分皮膚的顏色。病理學家決定還是小心為上，於是暫停了驗屍官指令的驗屍程序，將案件轉回給驗屍官，讓驗屍官下令執行刑事驗屍。我們必須完全肯定這個女人不是過失殺人或謀殺罪的被害者。

刑事驗屍是一項不同的程序，負責執行的通常是另一位醫師，他除了病理學訓練以外，還需受過鑑識病理學的訓練。這裡又有個小麻煩：forensic（可指鑑識、刑事或法醫之屬性）一字起源於拉丁文的 forensis，意思是「在群眾前」，例如在陪審團面前。這個字指的是與法律相關的事物。所以，如果電視上的紀實節目說有一具埃及木乃伊即將接受「鑑識檢驗」（forensically examined），意思並不是……除非那具木乃伊是刑事犯罪的受害者，或是被控犯罪[5]，而是他們要採用刑事案件鑑識中有時會使用的分析技術。

刑事驗屍需要一組完全不同的工作人員參與：負責調查的警察、證物警員，以及一名攝影師，以應付證物可能需要呈上法庭的狀況。這就是為什麼例行的、靠驗屍官指令執行的驗屍程序不能當作刑事驗屍——因為那是完全不同的程序。文件必須從頭跑起，通常也需要另覓新的場地和病理學家。

這個時候，死者已經變得挺冰涼了，這是由於另一個死亡跡象——屍冷，或稱死後降溫。我們可以非常粗略地歸納，屍體在死後的第一個小時溫度下降攝氏二度，再之後則是每個小時下降一度，直到達到平衡溫度。

同樣地，也有許多因素會影響這個現象，例如發燒會導致死亡時體溫較高，降溫的時間就會拉長。我執行的大部分驗屍，面對的都是冰冷的血肉，相對也比較僵硬，因為死者已經在停屍間的冰櫃待過，而人體脂肪就像奶油一樣會在降溫時凝結。但也許在某些奇特的情境下，病人會由病房直接送下來，趁屍體還溫熱時立即執行驗屍。有些處理屍體的工作者很討厭這樣，因為感覺太人性、太真實了，比較像在動手術，而不像驗屍。我並不介意體溫。雖然戴了多層手套，我還是對低溫很敏感、手指會僵硬，所以有體溫的屍體倒讓我輕鬆一點。（身為禮儀師總是會帶來一些奇怪的收穫，但也沒辦法啦。）

死亡後的三十六至四十八小時，那些「攜手合作」造成屍體僵硬的蛋白質開始分解，所以屍僵逐漸消退。這將導致「次發癱軟」，屍體此後便不會再恢復僵硬。這些

⑤注：令人不敢置信的是，類似的事還真的發生過。教宗福慕就在公元八九七年從位於羅馬的墳墓裡被挖出來接受審判，史稱「殭屍審判」，或是應該更貼切地以拉丁文稱之為 Synodus Horrenda。

蛋白質分解的原因是已經逐漸顯著的腐化作用，分為兩個不同的方向進行：自體溶解和腐敗。

自體溶解據說在死亡後四分鐘就會開始。這個字眼指的是自體消化，語源是希臘文中代表「自我」及代表「分裂」或「分離」的結合。這個作用之所以叫「自體」消化，是由於細胞中固有的酵素，原本是用來分解不需要的原子，在死後被釋放出來。它們在體內任意遊走、暢行無阻，像是發現警力突然撤離的暴動群眾，一旦起了頭，就無法控制他們的破壞之路會往哪兒走。

有一個器官特別具有自我毀滅的傾向——負責製造酵素以幫助消化食物的胰臟，會把自己整個消化掉。這種叫作「非生物」（abiotic）分解的現象，會導致細胞結構失衡、體液增加，使皮膚上腫起充滿紅色或褐色液體的水泡。在死後一週左右，這些水泡迸裂，造成皮膚脫落，或是所謂的「脫皮」。

在必要時，皮膚脫落使得我們可以將整層皮膚像手套一樣從腐屍的手上剝除，隔著乳膠套在我們自己手上，好替死者印指紋紀錄。此時，刺青與一般位於較深皮層的瘀傷也會變得更明顯。所以，我們通常用濕海綿把這層皮膚擦掉，讓皮層像絲襪一樣被剝下來。反正就算是最輕微的碰觸和移動，也會使那些脹滿暗紅色液體的水泡破裂，這就是為什麼驗屍前的屍體在冰櫃裡需要工業級的包裝。

發脹期

屍體的腫脹和色澤的改變，標誌了「發脹期」這個名稱貼切的腐化階段。這兩種現象都是由微生物的動作所導致，也就是腐敗現象。自體溶解屬於非生物性，而腐敗則純粹是生物性的，仰賴體內微生物的活動而進行；它靠的不是酵素，而是那些活生生的小幫手。

這些微生物在人活著的時候就已存在，但由於自體溶解的作用，以及隨後發生的細胞崩解，他們得以入侵那些在宿主生前屬於禁區的地方；再加上忽然得到一陣富含營養的體液洗禮，所以它們基本上就像在開狂歡派對。雖然腹部的微生物群集中也包含真菌，但大多數還是該處的「正常菌叢」，像是乳酸桿菌和梭菌屬。梭菌屬有一個成員的全名恰好是屍毒梭菌，所以毫無疑問地，現在就是這種細菌發光發熱的時刻了。如今，拜養樂多的電視廣告所賜，我們對這些益菌的認識更多了。值得一提的是，你身體系統中有越多菌叢，大限來臨時你就會腐敗得越快。下次有人鼓勵你喝優酪乳的時候，不妨想想這件事！

雖然腐敗作用在死亡之後就會開始，但要過了幾天，腐敗徵象才會明顯到讓人發現。細菌造成皮膚顏色產生變化，從綠到紫到黑都有可能，因為使血液呈現紅色的血紅素變成了硫化血紅蛋白，這是一種因含有硫磺氣味而臭名昭彰的物質。由於這些細菌起先存在於腹部，第一個明顯的腐化徵象通常是右下腹處（盲腸上方）一塊泛綠的斑塊，最後會擴散到整個肚子，然後覆蓋全身其他部位。

綠斑是不可逆的腐敗徵象，這也是一八〇〇年代那些死者之屋和早期停屍間成立的原因之一。在奎格利（Christine Quigley）的《屍體：一段歷史》（*The Corpse: A History*）中，梅司（Maze）醫師指出，「唯一真確的死亡跡象就是腐敗。」腐敗跡象的出現除了可以提醒活人此人已死，避免在毫無所覺下受到屍體的污染，還有一個好處是，我們可以在此跡象出現後才讓死者下葬，確保沒有把人給活埋了。

很快地，腐敗作用在肩膀與大腿也變得顯而易見，呈現大理石狀的色彩分布，因為那些造成體色變化的微生物產生的色素會在血管中選擇阻力最小的路徑——至少一開始是如此。最終，連這些管路也分解了，細菌便更加自由地橫行。眾多細菌的活動使組織內逐漸產生氣體。其中一種細菌是產氣莢膜梭菌，在活人身上也會造成「氣性壞疽」。產氣莢膜梭菌製造出我們在停屍間通稱的「組織氣體」，移動屍體時，這種氣體會引起「喀喀」或「啵啵」聲等所謂的碎裂音，皮膚則充氣鼓起，變成像巧克力棒一樣的凹凸形狀。氣體幾乎無處可去，只能逐漸蓄積在細胞裡。

有時氣體會通過腸道逸出，造成死後排氣，或是經由嘴巴造成打嗝或呼嚕（兩者都臭到不可思議），但大部分時候，由於好幾種自然的出路管道都已腐壞崩塌，死者會鼓脹成非比尋常的大小。體內的氣體和液體無路可去，造成舌頭和眼睛向外凸出，生殖器充血，腹部則因為內腔壓力的增加而變得巨大如牛。

我在第一次檢驗腐屍時，就經歷了發現這種氣體存在的慘痛經驗。當時，在我老闆安德魯的旁觀之下，我在死者正上方彎身，好看清楚自己的動作。我拿起PM40手術刀，信心滿滿地像平常一樣劃下切口，但當刀鋒割破鼓脹的腹部皮膚，緊繃的綠色皮膚微微波動，然後像來自地獄的氣球一樣爆開，一股我這輩子所聞過最噁心的氣味朝我迎面而來。我雖然戴著口罩，但是完全無法抵禦這場氣體爆發。

為了讓你了解一下那聞起來是什麼味道，我們先來看看這幾種氣體的名稱：「腐胺」和「屍胺」因蛋白質的分解而生成，此外是硫化氫（臭雞蛋味）和甲烷（屁味）。另外還有一種叫作糞臭素的化合物，我認為它的名稱十分傳神，其希臘文的字源意思正是糞便。我轉向安德魯，雙眼在濺了黃色和綠色黏液的面罩後方瞇起，眼神在說**你為什麼不警告我？**他對此笑著回應，「嗯，這樣妳以後就絕不會忘記要站後面一點啦。」這真是個難忘的教訓。這也是為什麼我現在即使再不舒服，也不願意把面罩拿下來……。

驗屍時刺穿腹部讓這些腐敗氣體有了出路，但如果沒有這道手續，屍體可能會繼續膨脹，迫使體液從各個開孔流出，並且脹得愈來愈大，直到最後爆炸——這也許是死亡時間之後兩個星期的事了。是的，雖然這可能令人難以置信，但屆時我們還是需要執行完整的驗屍程序，器官需要取出、檢驗，由於器官的結構已經完全分解，這可不是件容易的事。它們可能是非常柔軟但輪廓尚可辨識的物質，也可能徹徹底底變成一團爛泥。在這個時間點，所有東西都成了爛泥：器官、脂肪、水泡裡的液體。我試圖取出器官的時候，它們就像糖蜜一樣從我的指間流走。

在這個腐壞過程中，最有趣的一點就是屍體變得完全無法辨識，一個人真正的體型、種族特徵、髮色、臉部特徵、甚至性別……都被抹去了。在利物浦這樣的小城市，許多死亡事件都是以訃聞形式登上地方報紙，搭配死者生前的照片。處理腐屍案件時，我會在心中建立起一幅病人的形象，但最後卻發現他們生前的模樣和我想像的完全不同。就是這件事早早教會了我，由親友對腐壞屍體做出的外觀指認，通常是不夠可靠的。

活躍腐爛期

最大部分的質量損失都是發生在這個時期，因為過量的體液已經排出，氣體也經由某種管道離開體內。（然後也許就被一個額頭冒汗、在虐待狂主管手下工作的菜鳥驗屍技術員吸了進去，誰知道呢？）

屍體本身的質量也減少了，代表大量的血肉已遭分解，這要歸功於許多貪得無厭生物的食腐行為，其中包括我的老朋友——蛆。儘管牠們看來令人反胃，蒼蠅及其幼蟲（也就是蛆）天生就是這份工作的完美人選，許多專家把牠們叫作「看不見的殯葬員」。這些卵生的蒼蠅會在死者身上產卵，而我先前提過，在英國出現的蒼蠅主要是麗蠅屬的麗蠅，牠們有一套極為穩妥可靠的腐食作業時程。牠們只在屍體的孔口或傷口產卵，因為初生的幼蟲需要以腐肉為食，但還無法穿破皮膚。這些蒼蠅在二十四小時內就會來到現場，產下隔天即孵化的卵，彷彿牠們有個臉書社團會跳通知即時提醒。另一種蒼蠅稍微比較佔優勢，因為牠們是胎生⑥的，產下的並不是卵，而是小小的蛆，立刻就可以開始消化腐肉。他們的名稱很貼切，叫作麻蠅，或者「肉蠅」⑦。

數以百計的小小幼蟲就這樣吃啊吃，體型逐漸長大，每過二十四小時就成長到一個新的發育階段，總共經過三個階段。當牠們的體型達到最大，也就是第三齡，就變

⑥譯注：精確來說應該是卵胎生或偽胎生。
⑦注：如果你想多學點語言知識，麻蠅（Sarcophaoidae）一詞的「sacro」源自希臘語，意思是「血肉」，而「phage」指的是「吃」。麻蠅得名於過去有許多人相信若把牠們放進棺材，就可以幫助肉體分解。不管如何，至少你知道，學會多種語言對於研究腐敗分解也是有幫助的。

成蠕動的白胖「飯粒」。牠們瘋狂地大吃特吃，產生的豐沛能量讓屍體升溫，最多可升高攝氏五十度。處在過熱的屍體中心的蛆蟲會移動到群體外面降溫，讓其他蛆蟲像一陣陣白色波浪一樣進入屍體中央。牠們狂熱地投入這場營養豐富的盛宴，對於進食如此不遺餘力，以致於牠們演化出頭部的彎勾，儘管牠們分泌來溶解腐肉的酵素會造成屍體表面濕滑，但牠們仍然能夠附著。

在牠們身體另一端有兩個黑色小點，看起來或許像一對小小的黑眼睛，但其實是氣孔，牠們以此從背側呼吸。牠們是完美的進食小機器，不需要停下來喘息，正因如此，牠們可以在一個星期內消化掉一具人類屍體的百分之六十。等他們終於心滿意足，就會慢慢退開準備躺下，就像我們吃完大餐後一樣；但不同的是牠們會化蛹，就像毛毛蟲結繭一樣，反觀我們只會打開電視、陷入食物昏迷。

處理腐屍案件時，這些蠕動的蛆蟲往往跑得到處都是：我頭髮裡、硬頭靴子裡、衣褶裡，當然，還有胸罩裡。而且我不能單單把牠們撥下來丟進垃圾桶，因為牠們還是會化蛹，而且牠們的蛹非常強韌，像又硬又小的堅果。要對付牠們只有一種方法：用主鋸機附的吸塵頭把牠們全趕到一個乾淨的袋子裡，然後把袋子放在驗屍房地上猛力踩踏。那感覺非常療癒，就像捏氣泡袋一樣：我可以聽見每個蛹在我沉重的靴子底下爆開，直到爆裂聲像微波爐裡的爆米花一樣越來越稀少，我便知道牠們大部分都已經爆開了。然後我會把整個袋子再丟進一個用束帶緊密封口的專用濾袋，然後放到有害廢棄物處理桶。

蛆蛆小妹把自己的同類趕盡殺絕囉。

進階腐爛期

腐敗的第四個階段開始的時間，粗略來說是在最後幾隻吃飽喝足的蛆蟲爬離屍體、溜進黑暗空隙裡等待化蛹的時刻。這段距離可能長達五十公尺，對這種身長只有一公分的生物而言可是一段漫漫長路（相當於人類的五公里）。在這段時期，屍體的質量已經大幅減少，這就是為什麼我們沒有陷沒在及膝高的屍體堆裡。但是自體溶解和腐敗作用所產生的液體會非常明顯地出現在周圍地面上，不管是木頭地板、地毯或泥土地。

這時的蛆蟲如果逃過了「吸塵器和靴子的試煉」，就會變得十分強韌，被堅硬的物質包覆，為期十到二十天——我們得承認，牠們吃了那麼多苦，是該休息得久一點。逃過一劫的幸運兒最後會化作大膽無畏的蒼蠅破蛹而出，但牠們囂張不了多久：牠們會在驗屍房裡嗡嗡飛行，然後撞上特別設置的捕蟲燈，在小小的閃光中喪命，讓藍色燈光一閃一滅，像迪斯可舞廳裡一樣。

蛆蟲跟屍體的關連由來已久，但是大眾目前逐漸發覺到牠們在活人身上的功用。蛆療法是一種用來清除傷口中腐壞組織的治療方式，目的在將壞死的組織移除，保留健康的組織。這種作法自古就廣為人知，在約一九三〇年代抗生素出現前較為盛行，但目前重新流行的原因是，醫學界發現某些微生物開始對抗生素產生抗藥性，例如MRSA（抗甲氧西林金黃色葡萄球菌）。

有人在戰場上發現，當蠅蛆聚居在士兵的傷口裡，他們的傷勢較不容易演變到致命程度。從外觀看來，蠅蛆吃掉了感染的部分，清理傷口的效果比當時醫生所知的任何方法都好，能夠確保受傷的士兵不會跟我們的厭食症牙醫一樣由於血液中毒而倒下。蠅蛆的這種清創用途如今備受稱道，使牠們被視為一種益蟲，儘管有點噁心。

但也許比較不為人知的是，蠅蛆會寄生在活體生物身上，包括人類，這是一種叫作蠅蛆病的現象。我們進行外觀檢查時，除了檢查瘀傷、刺青和其他死前及死後人工造成的痕跡之外，也必須將死者往側邊翻、觀察背部。想想看，假如我們忘了做這道手續，疑惑著這個人到底是怎麼死的，也許把屍體翻過來，就會發現肩胛骨之間有一個巨大的槍傷！所以，每一次完整的檢驗都是以從前到後的順序進行，以確保這種情形不會發生。

然而，我永遠無法準備好面對那些悲慘不幸、無人聞問的蠅蛆症患者。這種情況會發生在遭到不當對待的弱者身上，例如因為父母疏忽而連續好幾週包著同一件髒尿布的孩子，或是停留在同個姿勢太久的老人便溺在床上，長出的褥瘡最後受到排泄物的感染，所以這種傷口通常出現在身體背面。這是一種不自然的寄生，是人類以不人道的惡行對待另一個人的結果，一旦看過這樣的景象，就永難忘懷。

腐敗的屍體和其中的生物所組成的自然生態系，對神聖的生命循環做出了貢獻，我覺得自己對這種現象產生極高的興趣是頗為合理的，這總好過思索那些極度非人道、非自然的行為。

腐爛殘留期

終於，我們來到了一個相對比較容易接受的腐敗階段，名為「腐爛殘留期」，此時屍體剩下的只有骨骼、軟骨和硬化的皮膚。博物館裡的乾屍和古埃及木乃伊這些為人熟知的形象，都屬於這個類別。

埃及人也許把木乃伊化稱為「防腐」，但那和現今的防腐技術不同。木乃伊化只是將遺骸乾燥與保存的方法，每個步驟對埃及人都有深遠的宗教意義。過程中，大部分的器官都經由身體左側的切口取出，放進卡諾卜罈。肉體則用尼羅河的河水清洗，並用鹽埋蓋四十天，亞麻與木屑等具有脫水性的物質可以幫助遺體塑形，以及吸走溼氣。過程中還會加入幾種特別的油脂，各有不同的代表意義與功能性。確切的流程在二〇一一年英國電視台攝製紀實節目《把艾倫做成木乃伊》（*Mummifying Alan*）以前，都還不曾被復刻重現。節目中，大體捐贈者畢利斯（Alan Billis）同意在死後接受這項處置，負責的團隊中有一位是多次和我密切合作的鑑識病理學家，維納茲（Peter Vanezis）教授。

但是，在極為溫暖乾燥的環境中，木乃伊化也可能自然發生。我遇過幾個自然木乃伊化的案件，通常都是在開著暖氣且讓蒼蠅無法接近屍體的住宅中。過去，其中一種常見的案例是木乃伊化的嬰兒，也許是因為死產，被飽受驚嚇的年輕母親藏在房子的牆壁裡；我們病理學博物館的藏品中就有這樣的例子。悲傷的是，類似這樣的嬰屍也頻繁地在老房子的壁爐裡被人發現。木乃伊化也可能發生在寒冷、乾燥的氣候下，這就是為什麼我們有時候會發現沼澤乾屍——被自然保存在沼澤或是類似環境的死者——過了上千年，卻連眼睫毛都完好如初。

身為研究分解與腐爛現象的學生，我對這幾個階段相當熟悉。但是似乎在某處早已有人決定了哪些階段是適合大眾觀看的。仔細一想，腐爛殘留期這最後一個階段，比起發脹期或進階腐爛期都更常出現在我們眼前。我們可以在博物館、電視紀實節目、甚至關於最新考古發現的報紙文章中看到乾燥的遺骸，但是我們從來不曾輕易地看見長蛆的屍體。

事實上，只有在恐怖片裡，腐屍才會被用來把我們嚇得魂飛魄散。但為什麼某個腐敗階段比起其他階段更容易被大眾接受？是否正如奎格利所說的，「失去了臉部特徵的骷髏，衝擊力小於乾燥保存的木乃伊頭部，而後者又比完整屍體的臉孔所能造成的衝擊小」？

不管是經由博物館或傳播媒體的呈現，腐爛屍體的形象是平面的，沒有隨之而來、我在前文中著力描寫的氣味。當我們討論到強烈的腐臭氣味，關於它是否會像犯罪小說和電視上說的一樣附著在頭髮和衣服上，尚未有定論。有一位病理學家曾告訴我，並不是那樣的。其實，纖小的氣味分子只是附著在你鼻腔裡的毛髮和皺褶上，讓你覺得好像整天都在自己身上聞到那味道，但味道是來自於鼻腔內，而不是外部。

也許他說的是真的。不過，我擔任 APT 的時候，儘管一完成驗屍工作就去沖澡、換掉刷手服，穿著自己的衣服回家，但公車上的人還是對我敬而遠之。

05 穿刺——玫瑰農莊

「我知曉愛情的祕密……就是我讓玫瑰開花，觸動了愛侶的心。」——《鳥之心語》（*The Conference of the Birds*），阿塔爾（Farid ud-Din Attar）

在許多方面，看別人執行驗屍，就像旁觀一場性行為。我第一次看到的時後，心裡忽然冒出了這個念頭。在你帶著嫌惡之情闔上這本書——或正好相反，懷著滿心期盼喜悅往下繼續讀——以前，請讓我好好解釋。

驗屍是發生在兩個人之間的親密過程：解剖者和「被解剖者」。解剖者（或是技術員）負責移除器官，而另一方——屍體——則等待被解剖。這是在一般狀況下旁人不會窺探的活動，所以有著禁忌和偷窺的感覺。光是站在那裡看著，就帶有犯禁的意味。其中牽涉到裸露（指的是屍體，但願裸體的不會是技術員）、體液、體味，也許還有起初的一點尷尬和試探，然後雙手會靈巧地在赤裸的肌膚上移動，以明白該怎麼做最好，就像熟知一段已經跳過上千次的舞步。這是一種會讓你覺得很榮幸能參與的親密行為。

你可能很常見到解剖者本人，但沒有看過他如何執行作業。你可能在受訓期間跟他一遍又一遍討論驗屍程序，就像有人會跟朋友一遍又一遍地討論性事，但你從沒有看過他實際提槍上陣。直到現在，你第一次受邀獻出你的驗屍房「初體驗」，見證這個行動全彩高清的實景。我想，身為殯葬員的詩人湯瑪斯·林區（Thomas Lynch）說得最好：「性與死亡是彼此平行的兩種奧祕，卻擁有相似且令人不安的性質。」彼此平行，沒錯。神祕，那是當然。令人不安？絕對是——對大多數人而言。但是對於死亡這門事業裡的我們，驗屍是一種需要解答的奧祕。

＊　＊　＊

我的驗屍初體驗發生在大學時期，但是我已經用了一輩子為那一刻做準備。在我的空檔年，巧合的好運突然降臨。跟我關係疏遠的父親搬進了沃辛的一間大房子，加蓋的部分有一間設施齊全的套房。正巧，我朋友的母親莎拉在距離沃辛不遠鎮上的一間葬儀社擔任防腐技師。當時莎拉懷著七個月大的女嬰，需要有人幫忙移動沉重的遺體、為遺體脫衣，總不能一直要艾伍茲父子葬儀公司的承辦人來幫忙，他們自己的工作就已經夠忙碌了。這對我來說是個理想的工作經驗。我年輕、有力而且充滿熱忱，為了學習關於防腐的一切知識，便自告奮勇。

我的一些朋友利用空檔年遠遊異地，我則前往南海岸的陌生小鎮，希望能不虛此行地重建親子關係，並且增加一些處理死者的經驗，看看我是否真有本事應付這樣的工作。我記得出發前跟三個親近的朋友一起喝咖啡，再一兩天我就要帶著一個大行李箱和手提包跳上火車。我們都是相同年紀，正各自踏上截然不同的人生旅途：有一個懷了孕，有一個準備去法國和西班牙學語言，還有一個要去東南亞旅行。

我則要出發去幫死人洗澡和換衣服。

那也許是我離開學校教育休息的一年，但是我在那段期間學到的東西卻是最多的。我就是在那裡第一次體驗到葬儀社的環境，因為我祖父母過世時我還太小，無法參加瞻仰儀式。一切對我而言都很新鮮：艾伍茲父子葬儀公司肅穆而安靜的走廊、無所不在且撫慰人心的花香、暖氣機的溫度、來自各個角度的燈光投下的陰影軟化了所有尖銳的稜角。就連人們的哀切之情在這裡似乎也軟化了，周圍的靜默在來來往往的每個人心中注入一股與世隔絕的冷靜。

這一切都和「後場」的聲音形成錯置的對比。後面有男孩們清洗黑廂車、修整棺材時的聒噪吵鬧聲，還有莎拉的準備室裡那臺輕型收音機，播放著七、八〇年代以後就不太流行的歌曲。奇異的是，那裡對我而言就像人間天堂，從來不曾令我感到不安。有生以來第一次，我獨立追尋自己的夢想，做的是我好幾年來都一心想做的事。跟大多數人不同，葬儀社讓我感到和平與寧靜。

我黎明時分就起床前往遠在兩三個城鎮以外的葬儀公司。有時候，當倦意來襲，我會溜進與禮拜堂相連的一個小房間，在沙發上睡個午覺——當然是在房間無人使用的時候。這讓長年為公司勞心勞力的清潔工頗為困擾，她常常在意外發現我的身影時嚇得心驚膽跳。但在協助處理死者之後，倒在沙發上度過昏昏欲睡的午後，讓我有餘裕思考自己學到了什麼，並且考慮未來的進路。我在那裡十分平靜。

即便早在當時，我就已經知道停屍間鮮少有職缺開放，而遺體防腐可以當作我的另一個職業選擇，或者是一項我有機會到停屍間工作以前可以好好鑽研的技術。我學到了防腐技師實際的工作內容，而且我衷心相信每個人都應該了解這項程序，基於這兩個理由：為了避免把這個角色跟 APT 混淆，以及為了讓你在資訊充分的狀況下決定你的家人、甚或你自己是否要接受這項程序，因為法律對此沒有強制規定。

遺體防腐是一種美容手續，進行的地點是在葬儀社而非停屍間，不過在死者自家也可以。相反地，驗屍只能在停屍間進行，或是在大規模死傷事件發生時特別指定的臨時停屍間。並沒有「自宅驗屍」或是「屍體檢驗 DIY」這種東西……至少不是合法的。

我事前並不知道該抱持怎樣的期待，也不知道跟防腐技師（尤其是一位女性技師）一起工作會是什麼情形。B級恐怖片缺乏的元素之一就是女性反派角色，所以我總是把防腐技師想像成那種電影裡的古怪男科學家，比如《遺屍驚魂》（*The Corpse Vanishes*）裡的貝拉和《尖叫連連》（*Scream and Scream Again*）裡的文森。當然，莎拉跟他們一點都不像，唯一能讓我跟莎拉聯想到一塊的形象是《猛鬼嬉春》（*Carry on Screaming*）的菲涅拉（Fenella Fielding）。這也許聽起來很蠢，但如果你看過那部電影裡，菲涅拉飾演的瓦蕾麗亞跟她的兄弟一起用詭異的手術將活生生的美麗女子變成櫥窗假人，你就不會那麼訝異於那跟防腐真的有一點相似。

現代防腐技術是一種將遺體的體液置換成防腐化學藥劑的技術，用以延遲腐敗。這是皮格馬利翁的雕像故事的倒轉版：曾經活生生、有血有肉的人體變得安詳而死寂[1]。如果是開棺的葬禮，而且遺體過幾天才會下葬，這麼做是為了讓死者的家人和朋友不會見證到腐爛所造成鮮豔如調色盤的色彩和極度可怖的惡臭。這種情形在英國比美國常見。

但是，要求進行這道常被稱為「衛生處理」的手續，需要額外的費用。這個名詞有點誤導人，因為未經防腐處理的遺體並不會比較危險——除非患有某些傳染病——所以必須注意，法律並不強制要求。有些葬禮承辦人對於收費相當開誠布公：他們解釋這道手續會在賬單上增加大約一百五十英鎊的費用，在得到正式同意前都不會進行。然而，也有些業者把這道手續稱為「美容處理」，好一點的會美言遊說喪家多付這筆錢；最糟的是未獲同意便擅自進行，事後再加收費用。

來到艾伍茲父子葬儀社的第一天，我滿意地發現莎拉跟那部俗氣電影裡的瓦蕾麗亞完全不一樣，我問她為什麼想要當防腐技師，她簡單回答是「為了幫助別人」。她向我保證，這間公司只有在喪家完全知悉費用且主動要求的情況下，才會執行防腐程序。

我亟欲累積多一些經驗，所以積極投入工作。當時的案件是一位七十五歲左右的老太太，對我這個新手來說沒有什麼太戲劇化的狀況。在準備室裡，大腹便便的莎拉

①譯注：皮格馬利翁（Pygmalion）是希臘神話中才華洋溢的雕刻家。他懷抱著對維納斯的崇拜，雕刻了一座維納斯雕像，並深深愛上它。維納斯知道後，以用手觸摸雕像，為它注入生命力。雕像蒼白的唇染上了玫瑰紅的豐潤色彩，冰冷的身軀變得溫暖，胸口也開始起伏，最後成為真實的女人。

搖搖晃晃朝我走來，拿著一套我很快就會熟悉的服裝：一件棉質手術袍和一條塑膠圍裙。我把衣服罩住的同時，她將珍．羅素風格的深色長髮拉過豐滿的胸脯，綁成馬尾，然後在脹大的腹部綁上綠色塑膠圍裙，突起處繃出一條條白色橫線。她看起來容光煥發、幹練俐落，比實際四十幾歲更年輕，但也許只是懷孕讓她多了一股青春的光采？我覺得非常新奇，同一間房裡有這麼多個女性成長的原型階段：未出生的嬰兒，我自己是少女，莎拉是母親，而死者是老嫗②，我們全都被死亡終極的、漠然的陰影籠罩著。

莎拉叫我戴上手套，然後引導我感受遺體的手的觸感。「習慣屍冷是很重要的，」她說，「一開始感覺會有點奇怪。」我試探性伸手去摸，第一次碰觸到一個已死的人，心中清晰感覺到跨越了一條界線。這不只是一種令我無法回頭的經驗，我也意識到，我這樣做並沒有得到莎拉工作臺上這個女人的同意。沒錯，我只是摸了她的手，但她無法告訴我她是否允許，所以我必須自己做出情感投射，在心裡解釋我正進行防腐工作——這是她的家屬同意進行的程序——所以我的觸碰並不是侵犯。當我將她冰冷的手握在自己手裡時，我想到我從來沒有握過外婆的手。從來沒有。我無法那樣做，因為她生前總是戴著古怪的棕色關節炎護具，套在兩隻手腕上，扭曲的手指從頂端伸出來，宛如捲曲的樹枝。反而，我此刻和一個陌生人共享了這樣的親密感。

那位女士已經在冰櫃裡待了一陣子，她手部的皮膚硬韌，像發白的橡膠，但比玻璃瓶裡的牛奶還要冰。莎拉說得沒錯——我從來沒有過這樣的感覺。我感覺像是把腳趾探進非常冰冷的水裡，即使收回腳，那陣寒意還是存在——持續地提醒我表相之下有另一個世界存在。

幫死者脫衣的時候到了，這通常是防腐程序的第一步，因為死者原來穿的衣服可能遭到污染。家屬會帶新的衣服來，供死者下葬或火化時穿著。這似乎是個簡單實際的步驟，但是正如奎格利所說，「死者凋萎的身體，除去衣服和眼鏡之後，會引起旁人將之解剖的欲望」。少了生前的用品之後，這項任務不管在實際上或心理上，都會變得比較容易。

這是我第一次幫死人脫衣服，我再度感到那股觸犯禁忌的親密感，我這輩子根本還沒看過幾個人全裸，現在卻面對著一位赤身裸體的陌生人。

我們很快開始做防腐處理，那可跟古埃及人的法子完全不同，連基本原理也不

②注：少女、母親和老嫗是異教原始信仰中的原型，代表女人生命中的三個階段和月亮的三種月相：漸盈月、滿月和漸缺月。

一樣。莎拉指向一大桶粉彩色液體。「他們血管裡的血液和細胞液都要替換成這個，」她說。那種液體是用甲醛、甲醇和其他溶劑在幫浦裡混合而成，通常呈現粉紅或是蜜桃色的奶昔狀，名為「自然膚色」或是「完美膚色」。它讓我想到古早的粉霜，有股中人欲嘔的甜味。莎拉彎下身，用手術刀流暢地在頸部割出切口，令我不由自主後退一步，以為自己要被鮮血濺滿全身。當然，由於心跳早就停止，血液不再流動，所以我可以稍稍向前仔細觀看。

我看到的畫面就像解剖學書籍裡的一樣。好吧，血管不是藍色，動脈跟許多典型的醫學圖表上一樣是紅色，但對我來說，那一層層血肉已經夠奇特了：肌肉、脂肪和莎拉用手術刀切開的血管。她又在頸動脈上割了一道切口，將一條連著橡膠管和大桶桃粉色液體的細金屬管放入動脈。另一組不同的導管則插進頸靜脈，用以放血。幫浦啟動之後，就會將粉色液體打進動脈，同時把血液向外驅趕。

這項程序不但能利用毛細管現象清除血管和體內大部分細胞裡的細菌，也為遺體的肌膚帶來栩栩如生的色調。配合不同的膚色，防腐液也有多種些微相異的顏色。它甚至會改變皮膚的觸感，製造出豐潤的曲線，但最終會硬化或「定形」。我必須在防腐液流過的時候按摩屍體的四肢，以確保液體均勻分布，這再次營造出一種我沒有預期到的親密感。

當這道手續完成，這名女子的最後一滴體液也排下水槽，我以為防腐液的部分就完成了。但是莎拉接著拿出了一支工具，看起來像接著橡膠管的金屬長劍，我猜那就是套管針。

那是一種通氣工具，它一端是尖的，尖端周圍有許多小孔，用來在腹部及器官穿洞，將液體吸入小孔、進入幫浦。但是「穿洞」和「通氣」這些詞彙跟程序實際進行的樣子相比太醫學了。莎拉反覆將尖頭扎進腹部皮膚、在器官組成的迷宮中調整不同角度時，看起來就像在練習擊劍技術。在此同時，體液和氣體經由套管針被吸上來，進到一個集氣鼓筒，伴隨著一陣充滿氣音的咯咯聲，就像有人在用吸管喝乾紙杯裡殘餘的飲料。然後這個動作反向進行，防腐液被引流進腹腔，取代原本的體液，彷彿把器官泡在醬汁裡。

套管針儼然已是防腐技師的代表工具。這個名詞源自法語的 trois-quarts，意思是「三夸脫」。歷史上，它曾用在活人身上，以減輕腹部因液體或氣體聚積造成的腹內壓，所以「三夸脫」指的應該是它使用時能夠吸取的物質總量。一夸脫等於兩品脫，所以那可是很多的液體（或是氣體），這樣你應該就知道我第一次解剖鼓脹的腐屍時不幸吸進了多少臭氣。

插入套管針在腹部所留下的洞孔，事後會縫合起來，或是塞進小小的塑膠套針鈕，以防液體漏出。這些鈕扣和粗線讓我覺得自己像在上手工藝課似的。同樣為了防止滲漏，莎拉用鑷子在病人鼻孔裡塞進棉花（她解釋「是為了堵住流出來的東西」），然後請我輕輕把死者轉成背對她，好讓她在直腸也放入同樣功能的棉花。這真是一幅怪異的景象，這個年輕女人一面在老太太肛門裡塞進一堆又一堆的棉花，一面閒聊日常瑣事。

「妳目前在沃辛住得都還好嗎？」她問我的同時，長鑷子尾端的一大團白色蓬鬆物消失在老太太肛門腔裡大約一個手掌深的位置。

「很好，」我無法再多說什麼了，我有點出神。

「附近就吹得到海風，很不錯吧？」推入。「我也是從利物浦來的，我感覺得出那個差別。總之這邊就是清新多了。」推入。

「嗯哼。」我努力表示贊同。

當推入的動作結束，我當然一度覺得這樣做有點損害尊嚴。但是我也曾在看牙醫時被塞棉花到嘴裡、在婦產科醫生手下受過更沒尊嚴的待遇，所以，也許這就是身為人類的必然吧？即使在死亡之中，我們仍然會漏液、排泄。我們不能視而不見，只希望最好的情況會發生。

最後，我們為老太太穿上乾淨的衣服（感謝那些棉花的幫忙，衣服也一直保持乾淨），莎拉用特殊的非產熱化妝品為她創造出生氣勃勃的幻象。這種化妝品不像我們用的產熱化妝品，並不會和臉部的溫度發生反應。完妝後，死者看起來就如同睡著一般。這整個過程只花了大約兩小時，遠遠少於埃及人花的時間，而且接受防腐處理的這位女士所得到的待遇，宛如她是要去參加一場盛大的慶典，而不是她自己的葬禮。在那次經驗之後，有許多次當我為了出門約會而打扮、化妝和挑選完美的服飾，我都會不禁想到，有一天我很可能也會為自己的葬禮大費周章。

現今的防腐方法，以及我多年前協助莎拉進行的程序，都包含一連串看起來有點不太體面的步驟。但好處是，許多死者可以因此變得面容安詳、見得了人，在毀容或嚴重腐敗的遺體身上無疑是如此，這應該能幫助親人好好哀悼他們。這是一把雙刃劍——或說是雙刃套管針。

如果死者受了輕傷，或是循環系統狹小，就必須在身上其他部位也割開切口，例如腿部的股動脈和腋下的腋動脈。若遇到經過解剖驗屍的屍體，防腐程序會更困難，因為循環系統已經因為取出器官而遭到破壞。這時就會使用六點注射法，也就是將防腐液從頸部兩側的動脈、左右腋下和雙腿注入。裝著器官的內臟袋裡已經有液體，在死者被縫合前放回體腔，所以剩下的流程只需照常進行。某些程度上，死者躺進棺材的時候，就像是防腐技師對他們施過了一點魔法。

在二十一世紀的西方世界，這種對於死後外表的執迷似乎發展得有點過頭了。防腐技術起源於美國南北戰爭時期，當時是為了讓陣亡的士兵能夠維持到回家下葬，今日卻變成了近乎奇蹟的美容手續。通常沒有人會告訴死者家屬這道手續只能夠延遲腐敗作用，他們得到的印象是，防腐可以讓腐敗完全不會發生，讓死者在墳墓裡仍然保持完整，有如不朽的聖物。如今這項技術已經大幅進展，防腐技師會拿到死者生前使用的化妝品（用以比對色號）或美髮產品，以及過去的照片，盡可能地做出寫實的效果。

根據歷史學家席勒斯（Brandy Schillace）的研究，維多利亞時期的人無所不用其極地讓死者變得比生前更好看，甚至用上假牙和染色的假髮。更晚近則出現了一種奇異的整容手術形式，客戶要求費用預付的葬禮方案中包括在嘴唇注入豐唇植入物、在皺紋注射膠原蛋白，好讓他們在大日子一定漂漂亮亮。如果你沒錢負擔這種療程，也就無法請知名的化妝品品牌 Illamasqua 代替防腐技師來化你死後的妝了——那可是要價四百五十英鎊呢！但那些美美的屍體是打算要吸引誰注意啊？

在奧地利，這種對美貌遺體的崇拜叫作「Schone Leiche」，意指「美麗的屍體」。這種行為的目的是為葬禮創造一個精緻美觀、賞心悅目的焦點——也就是死者本人——吸引大批的致哀者，共赴一場豪氣奢華的告別式，暗喻著美貌、財富、人緣和恆久的紀念是分不開的。當然，這不是什麼嶄新的概念，畢竟，埃及金字塔和古代的防腐技術正是證明了人類營造良好形象的欲望甚至延伸到死後。「陵墓」（mausoleum）這個字來自小亞細亞的摩索拉斯王（King Mausolus），在他死後，他那座龐大華麗的墓塚建在土耳其的哈利卡那索斯（Halicarnassus，今日的博德魯姆），「陵墓」一詞就此成為華美安息之地的同義詞。看樣子，除了留下豪華壯觀的遺跡之外，人人都想以最美好的面貌走過人生最後一程。

瑪莉蓮·夢露就是精緻遺體化妝的著名倡導者之一。她在世時，每天例行的美容手續耗時三個鐘頭，而從她一九四六年的第一次試鏡開始，一輩子用的都是同一位化妝師史奈德（Allan 'Whitey' Snyder）。他們的合作關係之密切，以至於她要求他也為她化葬禮的妝，如果她先他一步而去的話。他在一九六二年履行了這個承諾。

＊　＊　＊

結果，我並不需要接受防腐技師的訓練，因為我一離開大學就獲得了夢幻工作。APT訓練生是我的第一份全職工作，當我逐漸習慣工作流程，開始領到穩定的薪水，我再一次擁抱了自己獨立的機會，我決定搬出家裡。有間美麗的小公寓正在出租，位在一條步行就可抵達我從小到大住處的街上，正對面就是我的健身房：太完美了！那條路叫作玫瑰巷，公寓沒有門牌號碼，就叫作「玫瑰農莊」。某天我在工作時告訴茱恩，她不敢置信。

「妳說啥？」她驚呼，「玫瑰農莊？」

「對啊……有什麼問題嗎？」她的語調把我嚇退一步。

茱恩偶而想不動聲色延長他人的注意時，就會拿下眼鏡，用刷手服擦拭。她要教我的事很多，所以也有很多需要延長我注意力的時刻。就像現在這樣。

妳知道嗎，小不點，玫瑰農莊在醫院裡指的是『停屍間』，」她說話時帶著心知肚明的表情。她把眼鏡戴回去，「妳要搬進的就是這種地方！」

當時的我還不曾在醫院停屍間工作，所以並不知道這是個多大的巧合啊——玫瑰農莊，初出茅廬禮儀師的第一個家。

事後，我深入思考了停屍間和玫瑰的關連，仍然覺得把玫瑰用在這個委婉語中很不尋常，因為這種花往往代表愛與性。玫瑰象徵的經常是女性的生殖器官，古希臘與羅馬人也將它連結到愛情女神阿芙蘿黛蒂或維納斯。但是，也有傳說稱玫瑰是從耶穌基督被釘上十字架時，滴落到乾枯大地上的鮮血中所長出，象徵了死亡與犧牲。它如血肉般鮮紅的美麗花瓣下可能藏著危險的棘刺，會將人刺出血來。

玫瑰也代表祕密。古羅馬時期，機密的會面或活動場所會放上一朵玫瑰花。因此，sub rosa（亦即「玫瑰花下」）代表某種隱密不可告人的事物——「務必守密。」也許這就是玫瑰農莊裡「玫瑰」所代表的意思？畢竟，醫院裡的停屍間通常被藏在視線範圍以外，沒有清楚的路標。這是因為害怕兩種狀況發生：要不是普通人誤入停屍間，造成精神創傷，就是某些怪人會為了淫穢的理由跑進停屍間。此外，並沒有令人太開心的中間地帶。

我任職的市立停屍間也有一個藏在巷弄裡的隱密出入口，它的位置就擠在醫學院其中一棟大樓後面。這很方便我在那幾年工作期間去接種肝炎、肺結核和腦膜炎的疫苗——那是除了防護衣以外預防感染的措施。

但這個位置也在我們下班後引來人們在此進行偷偷摸摸的活動。我們有許多次在早上發現前門臺階上有用過的保險套。性愛與死亡這對伴侶，趁著暗夜的掩護結合了（也許是娼妓和客人「進行交易」，也可能是在附近酒吧狂歡一夜之後的情侶跑來找樂子）。但這些用過的保險套實在算是好的了，有一次我抵達時，在門前發現的是一坨完美螺旋形的人類糞便。這是故意的嗎？也許是有人在對這間遠離道路的小建築物裡進行的活動表示惡感？也可能不是，但很明顯地，我們隱密的位置並不盡然是個優點。

＊＊＊

回到我們這間地點**隱密**的驗屍房吧，一旦工具備妥、外觀檢查也完成後，我就會拿出一把閃亮嶄新的**PM40**手術刀。我向死者彎身，切下第一刀，就像許久前在傑森的監督下所做的一樣。我會割穿脖子的肌膚，將刀刃一路滑至恥骨，完成Y字形切口。有些時候，特別是在我的案例因為特別年幼或年老而單薄脆弱時，我會用戴了手套的左手放在額頭上，穩住遺體，再用右手進行切割。這個動作有時候顯得太過溫柔，跟周遭的環境不搭調，但不失為一種安慰的方式，畢竟他們即將接受的程序在許多人眼中仍然算是一種侵犯。或許，這也能將病人在生命最後受到的尊嚴損害降到最低的程度。固然，即將接受驗屍的這個人已經死了，所留下的也許只是具空殼，但我們這些在工作中與死者相伴的人，從不會因此而否定遺體具有「其他的意義」。

面對死者的時候，我總是會想起林區的話：「甫逝世的死者留下的屍體既非碎片，也不是殘骸，也不完全是象徵物或存在之本質。不如說他們是換子妖精、是初生的幼雛，是一種新的現實剛剛破殼孵化……明智的作法是以溫柔、謹慎、尊崇來對待這般宛如新生的事物。」

如果，就在割穿皮膚的那個時間點，死者醒了過來呢？那一陣碰觸會為他們帶來安慰嗎？也許他們會猛然睜開眼睛、高聲尖叫、或是反射性地伸出手，將持刀者的手腕抓得死緊。我知道這種情形非常不可能出現，但是在奇聞軼事中確實發生過——那些死人在停屍間、在驗屍臺上、甚至在棺材裡醒來的傳說。

近來在二〇一四年十一月，一位名叫賈妮娜．柯奇維茲的九十一歲波蘭婦女，被宣告死亡十一個小時後在停屍間裡甦醒。二〇一四年一月，保羅．穆托拉在肯亞的一所太平間裡醒來，當時離他吞食殺蟲劑已過了十五個小時。同年三月，華特．威廉斯在密西西比州一間葬儀社的屍袋裡恢復意識。或許最令人無法相信的是一個俄羅斯男子，二〇一五年十二月，他喝了大量的伏特加之後躺進太平間，醒來之後卻又回到派對上繼續開喝！但容我破梗：這些人其實根本都沒有死。

跟我共事過的一位醫生開玩笑說，他的手術刀一切進病人脖子，他就知道她曾經活蹦亂跳，因為她的動脈血意外地噴流而出。如同我在第一次防腐經驗中所發現，死者身上的血液大部分都還在，但並不會像活生生的病人那樣噴出血來。首先，已經沒有心臟這個幫浦驅使血液在全身循環流動；其次，從死亡那一刻開始，血液便會逐漸凝固、凝結，變成某種紫紅色的物質。當時，那位醫生的助理技術員問他「老天啊，她到底有沒有死？」，他打趣地說，「唔，她**現在**是死了。」

這是個令人難以置信的故事——雖然對他來說可能是晚宴上的好話題吧——但我

聽過的不只這個，還有其他更加煩擾人心的。有個在英格蘭北部一所停屍間工作的APT告訴我，他認識一個有邊緣性施虐傾向的病理學家，會把溫度計插進女性死者的陰道裡「測量內部體溫」（正確的測量方法應是透過切口將溫度計放進肝臟），以此取樂。有一次，一位從冰凍的河裡被打撈起來的女性死者也接受了他一如往常的溫度計服務，但旁觀的人注意到，有一滴小小的銀色眼淚從她睜開的眼睛裡流到鋼製臺面上。實情是她並沒有死，只是身體機能在河裡關閉了，處於失溫狀態，但她還是會因為如此令人痛苦的侵犯而哭泣。

這些都只是我在這一行工作的歲月中聽聞的故事，算是都市傳說，我無法確知其中有多少真實成分。但問題並不在於死人復活，而是活人一開始怎麼會被誤判為已經死亡。在《死亡的臉》（*How We Die*）一書中，努蘭（Sherwin B. Nuland）說「剛失去生命的臉不可能被誤當成無意識的昏迷」，但事實顯然並非如此。極度的寒冷對人體造成的效應，可能導致某種生命跡象停止的狀態，讓人難以分辨受害者是否真的已經死亡。有許多這種保存後復甦的例子，在冰冷的水中溺水、在雪崩中窒息，或是單純失去意識、進入失溫狀態，直到被人發現並救活。但是他們如何被救活也是個問題。你不會想在病理學家的手術刀劃過你動脈的刺痛之下恢復意識的。

也許，最令人坐立難安的案例發生在一九九二年的羅馬尼亞，一名十八歲的女性「死者」在遭到有戀屍癖的停屍間員工強暴時死而復活。這位員工遭到逮捕，但該女子的雙親非常感謝他「喚醒」了女兒，所以拒絕提出告訴，還說她「欠他一條命」。性與死亡又一次交纏難分。

這麼說吧，我從來沒有碰上**我的**病人醒過來，但是有些老鳥技術員和停屍間的管理者確實會玩一些類似的把戲來整新人。舉例來說，我聽過某位現場小主管一直用同一個玩笑捉弄訓練生。他會鑽進屍袋，然後讓他最信任的手下把他關進冰櫃。如此一來，在訓練生參觀停屍間時，冰櫃門打開時拉出的屍體會坐起身來大聲尖叫，把容易受驚的菜鳥嚇個半死。

這個故事裡我最喜歡的地方是，某一年，某個資淺的 APT 決定要報一箭之仇。這個玩笑一如往常地進行，但藏在屍袋裡的小主管並不知道他隔壁的屍袋裡……裝著那個決心復仇的後輩。當搞笑大師躺在冰櫃中努力忍著笑，不知是第幾次準備等人把他拉出來大展身手，他隔壁的屍袋開始在黑暗中扭動呻吟。他驚跳得撞到上方的擔架，額頭都撞破了，從此以後再也不玩那套惡作劇。

＊　＊　＊

我最喜歡的一句名言來自凱勒・懷爾德（Caleb Wilde），他是一位寫網誌分享職業經驗的第六代殯葬員。「身為禮儀師，」他說，「我總是把死者兩腳的鞋帶綁在一起。這樣一來，如果真的發生了殭屍末日，場面就會非常搞笑。」這就是我們這一行所謂的「血色幽默」。

謝天謝地，我沒有遇過有人從冰櫃裡面敲門，或是有手抓住我的PM40手術刀，也沒有碰過拖著腳走路的死人。但是往生者的樣貌的確常常還保持著活人的樣子，有些時候甚至看起來「栩栩如生」。他們不穩固地被擺在頭座上時，可能會慢慢朝著你轉過來。而如我先前所說，他們可能會發出咕嚕聲或咯咯聲，或是放屁。有時候他們的鼻子裡會冒出小小的血泡，樣子看起來如同在呼吸，就像多年前我的那隻貓一樣。

正如羅區（Mary Roach）在暢銷書《不過是具屍體》（*Stiff*）中所寫的，「屍體某些時候會引起意外的人性共鳴，在醫療專業人員毫無防備之際對他們產生影響。」她的書中還描述到一名解剖學學生被屍體手臂環著腰的嚇人經驗。我自己也時常發現這樣的情形：當我把完全屍僵的屍體的手臂舉到頭上，轉過身清洗體側時，那隻手臂會慢慢回歸原位，直到我突然感覺一隻冰冷的手隔著刷手服摸上我的臀部。

回到驗屍房，一旦切口完成，死者在這場磨難中依然（令人感激地）毫無生氣、安安靜靜，那麼下一個階段就是將胸膛的皮膚與肋骨分離。負責訓練我的人總是把這個動作形容成「像在幫魚去骨」，但這對我毫無助益，因為我從來沒有幫魚去過骨頭。我只好點頭，聚精會神在旁邊觀看，直到最後終於掌握了訣竅。

我會用一隻手撐開皮膚，非常輕柔地拉住它，同時用手術刀輕觸一條條被我的動作繃緊的白色結締組織。這樣會將皮膚從肋骨和肋間肌上剝離，然後皮膚會往兩邊垂落，像人躺在床上時前襟打開的睡衣。在另一側重複相同的動作後，我就會得到一個寬大的V字形開口，可以從中看見肋骨與肋間肌從頸部一路往下排列的一道道紅白條紋，像是一階階樓梯。

它們在半途就突兀地中斷，讓路給一團寬大、扁平的圓形黃色物質，它叫作「網膜」，是一片大肥肉，像一條金色圍裙蓋在腹部器官上方提供保護。它的頂端與橫膈膜下的大腸相連，但是底端沒有連接，就只是蓋在整副腸子上，邊緣收進骨盆，確保底下所有東西維持整齊安全的狀態。

如此整齊的秩序、如此完美的生物學拼圖，讓我想起求學期間逐漸熟稔的許多解剖學模型：那些我在博物館和學校見到的無頭塑膠軀幹，裡面裝著的器官可以輕易取出，露出閃亮光滑的體腔表面，內部還裝著小小的金屬勾，用來把組件固定在正確位置。然而，遠在這些無手無頭的假人成為每間解剖學教室和電影片場的基本配備之前，有些學生是利用「解剖學維納斯」來研習這門學科。

「解剖學維納斯」是用蠟製成，外觀逼真得不可思議。它流行於十八世紀，因為它為當時的學生提供了學習解剖學的途徑，解決了屍體短缺的窘境，也讓他們不需捲入雇請掘屍者所造成的倫理問題，同時不必應付臭味和噁心的體液，準醫生們對此當然喜聞樂見。但特別的是，這些解剖學模型往往被刻意做成美麗女子的外型——它們有手也有頭。

有些美麗絕倫的樣本至今仍在公開展示，我曾有幸在佛羅倫斯的天文臺自然歷史博物館以及維也納的約瑟夫博物館親眼看過。它們以誘人的姿態躺在玻璃箱中，通常墊著天鵝絨或絲質的軟墊，頭部看起來就像漂亮的櫥窗假人，只不過她們展示的不是衣服，而是一種宛若剛享受過高潮的愉悅神情。流瀉而下的真髮、逼真的玻璃眼珠（半睜著，代表著生命而非死亡）、甚至珍珠項鍊或頭冠等珠寶，使它們的外觀更像鄂圖曼帝國的宮女③。

然而，這副相貌從鎖骨處就開始丕變，軀幹開展成剖開的體腔，裡面的器官宛如深紅、暗黃和棕色的花瓣。這些同樣以蠟製成的器官可以讓觀察者一一取出、拿在手上，和我們現有的塑膠模型相同。通常，子宮打開之後，裡面還會蜷縮著一個天使般的胚胎。

這些解剖學維納斯也被稱為「遭到砍殺的美女」或是「被解剖的美人」，是藝術與科學交會下的產物。它們的首要用途是為男性學生演示解剖學，這多少解釋了它們為何擁有賞心悅目的外觀。也許對那些學生來說，他們面對的死亡如果以異性身體的型態出現，就比較不會帶來心理創傷？他們顯然比較不會對它產生自我投射，不像我在片場見到女性假人時，從她凌亂的頭髮和光滑的皮膚聯想到我自己。也許這單純是為了用迷人的外表來緩和令人不悅的意象？然而，這些解剖學維納斯也被用來展示上帝造物的大能，不只是外在的美貌，也及於內部器官的精密。不論這些完美模型背後的緣由為何，觀眾只要看一眼它們擄獲人心的丰姿，就等於直面了生命、性與死亡的所有奧祕。

但為什麼性與死亡在人們眼中總是出雙入對？兩者之間最合邏輯的連結是，生命始自於性，終結於死亡——這就是生命的循環。法國人將性高潮稱為「小死」，或許就是為了彰顯生命中這兩大奧祕之間的連結。有些生物交配時的瘋狂狀態確實是始於性、終於死，而現代媒體中也不乏虛構的青少年角色跟「不死者」談戀愛的故事。

③注：有時候它們甚至還有陰毛——真正的陰毛，從屍體身上刮下來再添加到模型上——但不會有腋毛。我想它們可能也有自己的「蜜蠟除毛師」？

常見的情況是，不管醫師多麼嚴肅，我們在驗屍間還是得開一兩個小玩笑來讓氣氛緩和些。有時是血色幽默派上用場，有時則演出《猛鬼驗屍》。有一天，我在協助檢驗一名死於心臟衰竭的男子時，發現他左手其中一隻手指較白，其他手指是粉紅色的。

「那到底是怎麼回事？」我問詹姆森醫師。他已將外觀檢驗做到一半。

他迅速地看了一眼，「喔，那是振動白指症（Vibration White Finger），」他漠不關心地說。

我實在搞不懂，所以他深入解釋：「那是一種血液循環障礙，一種由長時間使用震動工具所引起的雷諾氏症。」

我警醒地抬起頭，而他突然放聲大笑，「不，不是那種震動工具啦，」他眨著眼補充道。

我滿臉通紅。

更慘的是，他又加上一句，「妳在床上會使用油壓電鑽嗎？」

我搖頭，努力避開他的視線。

「那就沒事啦，」他吃吃笑道，繼續進行解剖，彷彿什麼事都沒發生。

在此同時，我希望停屍間的地板能開個洞把我吞進去。

我在擔任APT期間，接到第一個窒息式自慰案件時，就發現性與死亡之間的連結不但是象徵性的，也可能具有實質意義。

「不管妳在這裡看到什麼，都不能告訴別人，」有一天安德魯如此對我說，臉上帶著嚴肅的表情。

安德魯的情緒實在是太過溢於言表。他的每一道思緒都會掠過臉上，就像烏雲飄過天空，跟他談話往往相當令人焦躁分心。他心情好的時候，五官會放鬆、微笑，十分可親，但這種時候並不多。他此時格外陰沉的表情，讓這個早上的工作流程多了一種嚴肅的意味。

我誠惶誠恐打開屍袋，很遺憾地，我對眼前的畫面已經相當熟悉：一名臉龐腫脹、舌頭伸出的男子，脖子上緊緊綁著一圈繩子。但這個人跟我之前看過的上吊自殺案例稍微有點不同。繩子跟他的頸部皮膚中間夾著幾條襪子。

「那些襪子是幹嘛的？」我問安德魯，我的眉毛訝異地抬了起來。（也許他生動的臉部表情是會傳染的？）

「窒息式自慰，」他解釋道，「因為他並不是真的要自殺，所以他用那些襪子來分散繩子造成的壓力，還有避免留下綁痕。」

有道理，我心想，但我並沒有問安德魯為什麼他這麼了解……

拿開屍袋之後，很明顯能看出這並不是嘗試自殺的案例，而是失控的性愛遊戲：死者下半身穿著女性內褲和褲襪。我懷疑過他會不會是被謀殺後布置成這樣的——我的意思是，這真是令人難為情的死法啊。如果你謀殺了你的死對頭之後還想要再補一刀，你也許就會如此設計對方，好讓他們看起來像是臨死之際正在做那檔事。但病理學家向我保證這不太可能。首先，有些方法可以判斷一個人是不是自行上吊，通常是根據脖子上繩索痕跡的角度。而且，還有其他間接證據：藥物、用假名訂的旅館、電視播放的色情影片等等。

「這都是十分典型而常見的特徵，」病理學家說。

「常見？」我驚呼，「有多常見？」

我發現自己問了個難以回答的問題。我先前說過，英國的驗屍官並不負則執行驗屍，但是他們是程序中重要的一環，因為他們主管調查。這種公務法律調查會針對非自然死亡的案例展開，好讓驗屍官確認死因。他們只需要回答四個問題：死者是誰？在何時、何地，以及如何喪生？在窒息式自慰這個可疑案例中，「如何」這個問題可能引起爭議。死者家屬或許會對「不幸意外」這樣的判決感到不悅，因為它暗指某些不尋常的情況，而驗屍官可能也無法百分之百確定死亡的結果是死者本人有意造成，所以不願將之歸為自殺。所以，判決結果通常是「未定」，這代表此類死亡事件的統計數據可能難以蒐集。不過，根據估計，每年在美國有五百到一千名男子因這種行為而死，女性的死亡數字就少得多了。英國的數據則難以取得。

在這類案件中，只靠外觀檢查就能提供大部分資訊，死者的服裝和頸部的傷口是最關鍵的。當然，死亡時的周遭狀況也能補上缺漏的拼圖。那麼，為什麼還需要解剖驗屍？如果一切在外觀上就已如此明顯，我們難道不能在死亡證明上寫「上吊致死」就結案嗎？不能這麼做的原因有兩個。第一，死者可能有潛在的健康問題。也許這個用窒息式自慰的方式玩命的人有理由不顧一切。他可能罹患絕症，沒告訴任何人，又或者可能連他自己都不知道。例如 HIV，或某種癌症？這對他們的近親和生前伴侶而言可能是有用的資訊。第二，世界衛生組織也需要知道這些數據，才能了解人們普遍受到哪些健康問題所影響，並判斷該在何處投資開發療法。驗屍不只是為了確認案例的直接死因，也對全世界的知識庫有所貢獻。

接著出現的當然就是奇怪的驚喜了。我們當天早上檢查案例時，發現那名男子的直腸內有一枚肛塞，我們在外觀檢查時還沒發現。我將它取出，因為別讓那名男子塞著那東西下葬好像比較得體，而且像莎拉一樣在病人體內塞進那麼多棉花之後，我已經習慣把東西從那裡拿出來了。但我真的不想負責把它跟死者的隨身物品一起交給家屬。他們會做何感想呢？我們的終極目標是讓死者盡可能以最良好、最接近自然的狀態離開人世，保持死者外在與內在的完整，干預得愈少愈好。肛塞並不太符合「自然狀態」的原則，但是我把它放進密封塑膠袋之後，在停屍間角落拿著它站了很長一段時間，拼命想到底該拿它怎麼辦。

人體令人驚奇的地方是，雖然每個組織的外觀各異，但每個組織都有各自的功能與地位，連網膜那塊奇怪的大肥肉都能當作器官的安全毯。這真是設計與工程上的奇蹟，儘管它也可能受到脖子上的繩索和洞孔裡的異物這些人為影響。

這就是我們在第一線看到的人體風景。

有時，割下第一刀，拉開簾幕般的皮肉露出肋骨之後，就會出現明顯的病理徵狀，協助我們辨識死因：也許是腹部有大量名為腹水的黃色液體，又或是鮮紅的肋骨裂傷。但也有些時候，正如布倫芬[④]所說，「切開屍體，即是進入了異己的迷宮，或許只會引領人回頭與自己相遇……」不管如何，你現在已經進了迷宮，無法回頭。唯一的選擇，就是繼續往深處走。

④譯注：伊麗莎白・布倫芬（Elisabeth Bronfen）為蘇黎世大學大學教授，專長為十九及二十世紀英美文學、文化研究、性別研究。

06 胸腔——家不是心之所在

我為我的心收葬。日復一日。我拾回它破碎的殘骸，精細地放進小小的棺材，埋在我的記憶深處。但明天一切又將重演。——《迷途維多利亞女孩的瘋人院》（*The Asylum for Wayward Victorian Girls*），艾蜜莉．歐藤（Emilie Autumn）

我很常看恐怖片，不時會看到這種懶惰的劇情大逆轉：「這間房子底下是印地安墳場！」或是「這間孤兒院以前是瘋人院！」當然啦，這樣就可以解釋小孩為什麼會被附身，或是衣櫃裡為什麼有前往地獄的通道之類的。

這種情節可嚇不倒我。

我剛搬到倫敦時，住的地方就在墓園旁邊，監獄在不遠的轉角，精神病院則在對面。再加個印地安墳場，我的生活就會變成理想的萬聖節電視特別節目了。但我有點離題了。我為什麼要離開那個相對安全的家鄉小鎮，跑到老套的恐怖片場景裡來碰運氣？一部分是因為我渴望接受更多訓練，希望成為合格APT之後能夠升職，不再屈居於「停屍間助手／訓練生」的薪資水準和地位。但更主要的原因來自一樁改變我人生的重大事件。

二〇〇五年七月七日那天早晨的情景，在我心中依然清晰如昨。八點鐘左右，茱恩跟我在驗屍房裡，手上各有一個案件，安德魯則一如往常坐在電腦前的辦公椅上，他得趁休假前把行政文件處理完。茱恩跟我沒在聽廣播：我們開始工作時正爭論是否要放我的「拱廊之火」CD，或是終於要讓茱恩聽那首原本由巴哈作曲的漢尼拔·萊克特主題音樂。那次她贏了。

我們正在進行外觀檢驗時，一起合作的病理學家匆匆忙忙提早出現，打斷了我們。又高又瘦、帶著典型英式「風度」的山姆·威廉斯醫師，平常行動總是有點彆扭，但那次他敏捷迅速的動作讓我與茱恩都停下了笑鬧、放下夾板。他丟下文件和公事包，把高傳真音響切換成廣播。

「妳們沒聽到發生什麼事了嗎？」

「沒有——怎麼了？」茱恩疑惑地問。

「我們從大約七點半就待在這裡了，」我補充道，「我們什麼都不知道。」

當你身在獨立的驗屍房、專注於遺體檢驗，外面的世界就彷彿不存在似的。

「倫敦發生了一場爆炸，」他臉色發白地告訴我們，「可能是兩場。他們認為如果不只一場的話，就不可能單純是意外了。」

我們不知該做何猜想，但知道自己應該繼續全神貫注處理手邊的病人。不過，我們還是開著收音機當作背景音，好弄清到底發生什麼事了。我們在倫敦都有親朋好友、都對當時情況十分擔憂，想知道究竟是怎麼回事。我們一般從來不會在沉默中進行驗屍：通常都是不停聊著關於案件的笑話，或是前晚的活動。但是那一次，我們一句話也沒說，只聽見室內角落小收音機的嗡嗡聲在素牆和磁磚地之間迴響。

隨著時間過去，我手下死者的軀幹皮膚展開，事件的實情也像他們的肋骨與器官一樣終於顯現。英國首都發生了恐怖攻擊，整個城市迅速停擺。由於四枚炸彈在市內四個不同區域爆炸，交通運輸暫停，有幾個小時的時間，完全沒有人知道自己的親友是否安全。那是我們這一代人在英國從未經歷過的一種災難。

下午結束時，我已接獲徵召要前往倫敦，去籌備中的臨時停屍間工作。那是「特修斯行動」的一部分，四個爆炸地點都需要調查，遺骸則統一送到一處中央殯儀場所，該地必須有足夠空間容納物證、被害人，以及參與這場大規模調查的大量工作人員：APT、病理學家、人類學家、醫事放射師、DVI（災難受害者辨識）團隊、

SO13（當時的反恐分部）、國際刑警組織等。那是一個任務型基地，現場搭建了帳篷和臨時房舍。按照事前設計的緊急救難計畫，地點位在倫敦市中區的一座營房。建築工事從那個命運降臨的星期四晚間就開始，隔天便必須完全竣工啟用。

我之所以受到徵召，是因為我把名字登記在一個急救團體裡面，如果國內發生類似這樣的事件，我就會接到通知。我也加入了美國一個類似的組織，叫作D-MORT，即大型災害遺體處理作業團隊（Disaster Mortuary Operations Response Team）。多棒的縮寫啊！你甚至不需要知道縮寫代表的是哪些單字，就可以望文生義。這名字聽起來就像團隊的成員還會穿「X戰警」那種制服呢。

那我們英國的團隊名稱是什麼呢？「鑑識應變小組」，或縮寫為FRT。如果再加上「解剖」（anatomical）一詞，我就變成在FART①工作了。我希望它的名字更明確而順口，像D-MORT一樣，不過，玫瑰不叫玫瑰亦無損其芳香。我已經了解到，許多人並不重視這種巧妙的雙關語和縮寫，以及它們引人關注某個課題的能力。我只能說，當我在錯誤的脈絡下使用「技師」一詞，還在名叫FART的機構工作時，我已經感到有點幻想破滅，只能希望自己未來在職業位階上可以高升到足以負責決策的地位。

* * *

不管如何，加入這種大規模的死傷調查，對我而言近似於加入宗教團體。我在鑑識人類學課程中學到過大型災害和集體墳塚，參加過災害應變的研討會，也加入國際特赦組織，參與會議，吸收全球衝突的最新資訊。我讀過關於前南斯拉夫和盧安達大屠殺的書籍，知道 APT 有可能執行相關的工作。現在，突然之間，輪到我來做些重要的事了。我十分感恩。我不願無助地在電視上看著事件發展，我很榮幸能有這個機會，運用所學為需要的人付出心力。

安德魯已離開倫敦前往氣候溫和的度假地點，於是停屍間就只剩下我和代理主管茱恩。我對於茱恩願意准我暫離真是萬分感激。我在七月九日早上到達倫敦，從利物浦搭機，七點時飛抵城市機場，比搭火車快多了。八點鐘，我人已經在榮譽砲兵團營房，大多來自倫敦和南部地區的 APT 也已有半數的人抵達。我帶了自己的裝備：最重要的是工作時慣用的面罩、我每天穿去停屍間的白色護士膠鞋，上面寫了我的名

①譯注：意為放屁。

字，還有我自己的一套刷手服——以備不時之需。雖然我們都被安置在同一間旅館，但沒時間把行李拿去放了。我按指示將行李跟其他人的一起放在角落，然後直接走進剛搭起來的更衣間，穿上公家提供的刷手服，開始工作。

被害人遺體已經運來，我訝異這個系統運作得像發條鐘般精準，一組組人馬都在為這部精心上過油的機器勞心勞力。每個死者會先在屍袋裡照過X光，流程中有一位病理學家監督，有危險性（例如尖銳物）或攸關調查（例如炸彈的零件）的碎片會先記錄位置，然後小心移除。移除了屍袋和殘骸碎片之後，身上只穿著衣服的死者會再照一次X光，仍然由病理學家監督，以免遺漏重要細節。

然後被害人就會來到APT手中，病理學家也會加入我們，各自分成小組，分別在四個驗屍臺邊工作。每組有一位病理學家、兩位APT、一位來自警方的攝影師兼證物蒐集員，和一位SO13成員——比一般驗屍時的人員多，但也許比較接近刑事驗屍的狀況。我們APT幫忙將衣服和首飾除下，供攝影師拍照，這些個人物品會被蒐集起來，標上DVI號碼。在非常罕見的情形下，我們會挖到寶，得以靠著被害人的皮夾來辨識他們的身分，可是大多時候，辨識工作困難多了。

顯然，我不能多談細節，因為這是一項高度敏感的行動，且痛失親人的家屬仍在哀悼，存活的受害者也仍因傷所苦。若是透露太多當時的狀況，我就太不體貼、太殘忍了。

臨時停屍間裡的工作日十分緊湊。我們大約早上七點上工，晚上七、八點結束，還必須將整個停屍間清潔乾淨，以供隔天使用。我只帶了幾天份的行李和衣物，但是兩個星期過後，我還是待在那裡。在如此情境下密切共同工作的 APT 們，關係都變得格外親近：我們住同一間旅館，一起吃飯，整天待在一塊，然後一起回去進行「訊問」——意思是去酒吧喝一杯，討論當天發生的事情，藉以抒發情緒。

我就是在那裡遇見丹尼和克里斯，倫敦大都會醫院的兩位主管。他們管理手下的年輕 APT 喬許和萊恩時充滿活力又大呼小叫，跟安德魯完全不同。他們有時刻意搞些無傷大雅的惡作劇，談論令人捧腹的脫序行為，讓我能夠在大型遺體殘肢的驗屍過程中保持正面的心情。然後我們終於開始檢驗小型殘骸，鑑識人類學家過來接手。我該回家的時候到了。

＊＊＊

恐怖攻擊之後，又過了令人難以承受的六個月，我一回到市立停屍間、遠離營房的那些日子裡的高壓經驗，就面對了一個兩難：我不確定自己是因為生活重歸平靜而覺得快樂，或者是懷念在繁忙環境中執行似乎更重要的任務所帶來的興奮感。大都會醫院突然開了一個職缺，徵求有證照的合格 APT。丹尼和克里斯想起了我在七七爆炸案後跟他們一同工作的時光，便聯絡上我、通知我這個消息，看看我是否想要應徵。

我想過搬家嗎？我想過離開驗屍官層級的停屍間、到大醫院工作嗎？我想繼續深造取得文憑嗎？

是、是、是。以上皆是。我想這就解答了我的兩難吧。

我應徵了，也錄取了。

＊　＊　＊

就算閉著眼睛我也清楚該在哪裡下火車，通過尤斯頓站的站門，就到了倫敦。跟北方相比，這裡的空氣有一種壓迫感，也許是因為氣溫總是比我習慣的高了一兩度吧，或者因為更多高樓阻隔了風，或是交通廢氣也更多——著名的倫敦霧霾。倫敦不比拉斯維加斯，但還是令我難以招架，空氣窒悶、更亮的光線和更大的聲音有催眠般的效果，路上的水窪閃著油污的彩虹光澤，有點不太美觀，人行道上總有一波又一波的人潮大步走來，讓我無法走成一直線。我也發現，在倫敦，閱讀是一種不同的消遣。人們在移動中閱讀，包括雜誌、報紙、甚至整本書！他們走在人行道上、搭電扶梯、過馬路——真是粗心——時都會讀東西。我搬到倫敦以前，從不認為閱讀是一項可以在行進間從事的活動。

我現在仍然住在首都，也愛上了這個地方的奇特之處：不顧一切邊走邊讀而撞上路燈燈柱的行人、鮮紅色告示牌上的警語「請勿餵食鴿子」裡的「鴿子」被人塗鴉破壞改成「保守黨」、那種隨時被隱形統治者透過擴音器告誡的感覺——「請勿跨越黃線，請遠離月臺站立」和「請勿站在手扶梯左側，保持左側通行、右側站立」。天啊，規定可真多！那時候一切對我而言都相當陌生。我想，雖然搬到霧都、在職業進路上爬高一階讓我甚感興奮，但我還是有一絲不安，因為我把這座城市和七月的恐怖攻擊聯想在一起。我希望這層聯想不會持續太久。

初抵倫敦時，我按資格搬進國民保健署的宿舍——就是那個靠近監獄、精神病院和墓園的完美恐怖片場景。那棟樓房基本上是荒廢的，非常雜亂而且無人管理，我難以相信醫院中救命助人的醫護人員（例如護士）竟然住在這種地方。那裡窗戶破碎、老鼠在共用廚房的碗櫥裡亂跑、圍牆上有帶刺的鐵絲，就像蘇聯的勞改營。回宿舍的路上還會經過一區環境惡劣的社會住宅，所以我很怕在天黑之後回家。我要是哪天跟朋友一起喝咖啡時發現太陽開始下山了，就會跳起來像灰姑娘一樣狂奔過大街，以求在日落前趕到勞改營。

但早點回家可能還是最好。大都會醫院的系統和我過去習慣的並不相同。我們APT每天早上七點就必須到班，驗屍大約七點半開始，病理學家星恩醫師會前往一個個停屍間，盡可能處理更多案件。我也很高興每天可以盡早脫離勞改營，但第一天上班時我在醫院建築物裡兜著圈子，有點迷路了。我抵達的時間比預計晚了一點點。

「什麼……？」那天我進門時驚呼了一聲。有人帶我進去一間小儲藏室，裡面有洗衣機、烘乾機，和幾個層架，我猜上面放的是乾淨的刷手服，但是既沒有摺疊好，也沒有按照尺寸擺放。地上也擺了一堆，所以我猜那些是髒的。

主管丹尼說，「我們已經把案件拉出來準備好了，所以快點拿件合身的刷手服上工吧。」

說的比做的容易啊，我一面想，一面打量那堆不成套的衣服（有些是綠色，有些是藍色），但我還是勉強挖出了一套S號刷手服，和一雙五號的橡膠靴。顯然這裡並沒有洗衣服務，APT必須「負責」自行洗衣和烘衣。身為團隊中唯一的女性，我很確定從此以後這份差事會落到我頭上。

走進驗屍房時，我又驚呼了一次「什麼……？」這個新的工作地點有六組驗屍臺，全都有人使用。看起來案件數量非常多，絕對多過我在市立停屍間習見的分量，但總共有三位技術員，所以狀況也不算太糟。我只是困惑於一切工作竟然這麼早就全面展開：病人的胸骨都已移除，偌大驗屍房的天花板燈光下，他們的器官閃閃發亮。在各個案件之間穿梭的是助理主管克里斯，他迅速掠過切割和移除胸骨的步驟，他敏捷移動時，他的光頭也在燈光下發亮。

「好，我們要做的就是，」他頗具權威地對我說，同時萊恩走進了驗屍房，病理學家跟在他背後，「妳在上個地方做的是Y字形切口，對吧？我們這邊做的是I字形，而且要做在很低的地方，家屬才看不到。今天的切口都由我來做，因為我要讓萊恩帶妳看其他作法不同的項目。」

我點點頭。基本上，病理學家已經到場，而且準備好開始工作了，所以克里斯沒有時間跟我瞎耗，讓我緩慢生疏地割出直線切口。

「萊恩，跟卡拉一起過去那邊，示範作法給她看，」克里斯一面大叫，一面手拿血淋淋的PM40手術刀指向第一組驗屍臺上一名胸骨和腸胃都已清除的男性病人。

我開始緊張了。什麼「作法」？為什麼要像軍隊裡一樣發號施令？我連杯咖啡都還沒喝到呢。

萊恩顯然已經習慣克里斯的不假辭色，他態度輕鬆地帶我到第一臺病人旁邊，告訴我說，「基本上，我們這裡是把器官分堆取出，所以我想克里斯是要妳在這些案件身上練習。我會為妳示範，這樣醫師就可以從我這裡開始工作，然後妳再做另外五個。」

「所以你是說要用鞏恩的分堆法，而不是勒圖耶的集體法，就是常被誤稱為羅奇坦斯基法的那個？」我用賣弄聰明的語氣說，「你覺得我連這個都需要你教？」我甚至把面罩往下拉，眼神越過面罩上緣盯著他，像個煩躁不悅的學校老師。

他顯然熟知他們所用的技法系統，但未必知道背後的歷史。他看著我，訝異於我竟然曉得。「好吧——請繼續。」

「你們要喉部和舌頭嗎？」

「不要。我要去處理下一個了。」

確實，我們在市立停屍間通常都用集體法取出器官，但我也在其他停屍間工作過，有時候是幫病假的人代班，有時候是去受訓。而且，當然還有倫敦的那次大規模死傷事件。所以我已經習於按需求調整作法。

既然病理學家不要求割取喉部和舌頭，我的工作就很輕鬆了。我朝死者彎下身，拿著可靠的 PM40 手術刀預備，在鎖骨的高度割過氣管和食管。然後我從肺臟後方執行平常的挖取式檢查：「啪」一聲，左肺摘下來了；再「啪」一聲，右邊的也摘下來了。之後，我就只需要切斷食管、氣管，以及位在肺臟下方、橫膈膜上方的主動脈。這裡就是心肺區，或是所謂的「內臟區」，裡面的器官都是呼吸作用中不可或缺的，包括肺臟，當然還有心臟，位處於一般所稱的「縱膈」之內。這可以讓病理學家立刻專注於解剖心臟這個對死因判定最重要的器官，而不需等候其他內臟完成摘除。

雖然詳細數據各有不同，但通盤而言，冠狀動脈心臟病所導致的心臟病發與心臟衰竭，在英國及全世界都是首要的致死因素。不過，專家指出，大部分由心臟病造成的青壯年死亡，都是可以預防的。抽菸、體重過重、高血壓、膽固醇過高、大量飲酒、缺乏運動，均是關鍵的風險因素。

為什麼我們的文化中沒有更重視心臟呢？這個寶貴的器官確確實實是我們生理學上的核心，在象徵意義上也極為重要。古埃及人相信人類的智慧（以及靈魂、人格、情感和記憶）存在心臟之中，而非腦部，所以製作木乃伊的過程中，心臟是少數留在原位的器官之一。

公元前四世紀，古希臘哲學家亞里斯多德認為心臟是最重要的人體器官，「隔成三間小室的庫房，是生命力、理性與智能的居所。」然而，在公元二世紀，我們醫學界的梅爾．吉伯遜——蓋倫——主張心臟是與靈魂最密切相關的器官，我最喜歡的一些關於心臟功能的歷史名言就是出自他手筆。「心臟是一塊堅硬的血肉，不易受到傷害，」他說，「在硬度、張力、普遍力量、與抵擋傷害的能力方面，心臟的纖維都遠勝其他，再也沒有哪一件工具能像心臟一樣持續而辛苦的勞動。」我偏好把「辛苦的勞動」想成兼具情感與物理的性質。我相信讀到這段文字的每個讀者，心都在感情路上遭逢過劇烈的打擊，但當然，痛苦最終都消逝了——心也會復原。

十二世紀時，中世紀宮廷之愛的盛行造成了另一個觀念轉變，也確立了解剖學上的心臟，也就是我們如今在情人卡上看到的心形（幾何學中稱為「心臟線」），以及浪漫與愛這個概念之間的關係。旗幟和盾牌上的心形被用來象徵這種宮廷之愛，儘管教會試圖壟斷這個符號，用來作為聖母聖心與耶穌聖心的形象，心形仍然進入了世俗公共的領域，並在一四八〇年左右被選為撲克牌的其中一種花色[2]。

在我的APT生涯中，幾乎每天都得把至少一個人類心臟捧在手裡，這一天也不例外。在水龍頭下洗淨之後，厚厚的暗色血塊被沖掉，旋轉著流下排水孔，於是心臟就準備好可以給病理學家解剖了。不管對流程已經多麼熟悉，這個器官對我來說仍然像是奇蹟一般。它看起來確實就像情人卡上的心形。它能被我安放在手中，但其中蘊含的電脈衝能夠為體型大我兩倍的人維持生命。在特定情況下，它可以停止跳動，之後又再度復甦——每次我捧著心臟時，這些資訊都在我腦海中奔馳而過，我也覺得能夠聽見自己的心臟跳得更大聲些，彷彿在宣揚它的力量。

在一九八〇年代的卡通裡，太空超人高舉佩劍大喊「請賜予我葛雷堡神奇的力量！」然後光線就會流經他的佩劍，讓他變身。我也想依樣畫葫蘆：我覺得我如果拿著一顆心臟高舉過頭，就會有像聖心一樣的光束散射而出，我可以喊道「我擁有力量——！」

我當然沒有那樣做。

不是只有我了解心臟的尊貴力量。現在，在博物館裡，我會教其他人用玻璃罐保存器官，用的是跟我處理其他藏品相同的方法。我總是讓他們選擇腎臟或心臟，而人們都偏好挑選心臟來保存或是「裝罐」。他們會用戴了手套的手指試探地戳戳心臟、仔細檢視（他們通常兩人一組），完成之後互相交換，說些「來吧，親愛的，收下我的心。」之類的話。

心臟是個脆弱但充滿力量的器官。某些程度上，確實如蓋倫所說，它非常堅韌，因為再也沒有哪一件工具，能像心臟一樣持續而辛苦的勞動。但是在其他方面，心臟也可能像乾燥花一樣脆弱、一碰即碎。

②注：我覺得教會想過要「獨佔」心形當作註冊商標這件事，實在挺幽默的，因為這個圖形的另一種解釋相當粗俗：心臟線代表生殖器，擺正時代表女陰，反放時則代表睪丸。

我一定是站在那兒想事情想太久了，因為克里斯突然對我怒吼，「妹子，快點動起來——我們要比賽誰最快開完屍體。輸的人要請大家吃午餐。」

* * *

這個新的地方有六組驗屍臺，我們每天輪流檢驗的案件多達五到六個成人，而且我沒機會避開肥胖的屍體。在大都會醫院，沒有人因為我的身形而給予我特殊待遇。每週都有一名**APT**只負責辦公文書，一名專門負責嬰兒檢驗，另外兩到三名**APT**就處理其他成人案件。由於我們有好幾個人手，工作經驗都非常豐富，所有案件都可以在上午十點之前處理完畢，這點我不太習慣。

在市立停屍間，我已經習慣兩樁驗屍和相應的文書工作就讓我們一路耗到下午一點的午餐時間。我也習慣殯葬員在下午陸續前來，把外面的遺體帶過來，或是把死者接去葬儀社。我在那裡是「訓練生」，所以聽到門鈴時應門是我的工作，而且我也對文書工作得心應手。我處理這些事項的頻繁程度高到讓我對任何類似「叮咚」的聲音都養成巴夫洛夫式的反射③。現在，因為隨時都有人輪值負責辦公文書，我就不需要那麼常去應門了，而且我們有對講機取代門鈴。

不可避免地，這種陌異的感覺還會持續好一陣子。我發現倫敦（或可能只是我工作的新停屍間）有個特別的地方，就是人們對「屄」這個字的使用。在北部，這個字眼就像「佛地魔」——一個不能大聲說出來的字。如果你在爭論時用了這個字，整個房間都會鴉雀無聲。但在大都會醫院，這個字就像標點符號一樣，幾乎每句話都用它作為點綴：「給我泡杯茶來，你這傻屄」或是「去測量屍體，你這嫩屄。」這裡一個屄，那裡一個屄，到處都是。真是讓我驚得動彈不得。

* * *

我不知道養兒育女是什麼感覺，但我想在大都會醫院工作的經驗讓我對可能的狀況有了點概念。我原本就知道這是一個男性所組成的團隊，但相較於臨時停屍間七比七的性別混合組成，這裡有一種不同的團體動力。對一個這麼小的地方來說，這裡的

③注：我跟朋友去那種用響鈴通知外場出餐的餐廳時，他們樂不可支地發現了這點。每次只要鈴聲一響，我就會從座位上跳起來。我離開市立停屍間後，花了很久很久才壓制住這個反應。

睪酮實在很多。在資淺ATP之中，喬許算是比較開化的，他為這個環境帶來了一些值得歡迎的敏銳性與常識，而萊恩則性格外向自信。我把他們想成恐怖三人組（排除了喬許），他們互有親戚關係，或者是相識多年的家族朋友。因此，他們之間的連繫讓我感覺像個在旁往內窺看的局外人。

我這輩子還沒有跟這麼多彼此關係緊密的男人共處過，由於我剛經歷了如此戲劇化的人生轉折，無可避免的問題終究出現了。我太軟弱了。雖然我平常已經算是相當強悍，但在這些男人之間，我就像朵脆弱的小花。因此，如今我回顧那段在大都會醫院與那群「大」男孩共度的時光，儘管多災多難，我總是努力去看正面的部分。然而，他們不停地挖苦人、開人玩笑，團隊內外的每個人都是他們嘲弄侮辱的對象。

當時有一位常常來這個部門的殯葬員，一隻手有殘疾。我的兩個同事會跟他搭話，表現得盡可能正常，但同時狡猾地在話中擠進「手」這個字，像是在比賽誰說得最多次就贏了。

「讓我來當你的幫手，」其中一個人說，刻意誇大強調那個字。

「不用啦，我相信他可以一手掌握，」另一個人眨著眼說。

「好吧，如果你改變主意，我們隨時樂意順手幫忙，」第一個人答道。

我知道那位殯葬員看得出來他們在嘲笑他，只是置之不理，不跟他們一般見識，但成為這種惡作劇的對象一定不好受。我並不開心，不盡然因為工作本身，而是適應上的困難，還有整體的氣氛。那就像各種負面因子混成的雞尾酒。搞不好我真的是住在印地安墳場上頭？

落腳後過了一兩個月，我總算為自己找到一間便宜的分租房間，就在地鐵站附近，離停屍間只有十分鐘路程。告別勞改營是一記我求之不得的強心針，但受倫敦的物價所迫，我還是得和陌生人同住一個屋簷下，先前我擁有自己的玫瑰莊園，現在這樣感覺大大降了一級。

我們與生俱來都擁有某種程度的力量，而隨著成長，我們學會變得更強。我坦承，那段日子裡，我一點也不堅強。我孤獨寂寞，每天從早上七點開始努力工作，以隔絕負面想法的侵擾，每晚上健身房，只因為不想回家面對一屋子我不認識的人。我逐漸筋疲力盡，就連我的遠距離男友每晚跟我通電話，都發現我缺乏熱情與能量。要處理四到五宗成人驗屍案件，又要應付那些躁動不定的男人，讓人體力耗竭，但那並沒有改變我運動的習慣。每個漫長的工作天結束後，我會脫下刷手服、跟其他人的一起丟進洗衣機，然後換上短褲與背心，去健身房迎接更多體能挑戰。

但出於某種原因，某個同事還是批評我體重增加。「妳是很常上健身房，但從妳的體型看來，妳一定是回家大吃大喝吧！」他有一天如此對我說。請注意，他自己也不是健美身材，根本沒有立場指責我。他的批評讓我疑神疑鬼、喪失自信。我變胖了嗎？我無法理解，這怎麼可能？我幾乎連坐都沒坐下，而且簡直沒有時間吃東西。於是，我開始一天健身**兩次**，晚上照常去運動中心，但午餐時間也在醫院的健身房待上四十五分鐘。

感謝老天，體重增加是暫時的——那只是我的新避孕藥的副作用。但來自同事的帶刺批評卻不是。那些批評有時候是針對我，有時候是針對他們彼此，或是針對來訪的訪客。要注意他們、猜測他們接下來會做什麼，真是太累人了。有時候到了下午，他們可能因為早上的活動而累壞了，有人索性把辦公窗口的拉門關上，堂而皇之睡起午覺。此刻放鬆的感覺流遍我全身，我暗中覺得自己就像個終於得空休息的家長。我會泡杯茶，讀書準備文憑考試。有訪客來時我就上前應對，「噓」聲示意他們安靜、無聲地在背後帶上辦公室的門，好確保瞌睡蟲不會醒過來。

等他們在工作天的尾聲終於醒來時，大約是下午三點，我會溜進驗屍房，雖然我們所有的案件都已處理完畢，空間也清潔過了。我會加強細部整潔：消毒手術刀刀柄、用鑷子夾出排水孔的陳年毛髮，整理抽屜和托盤、拿刷手服去洗衣機洗、把洗完晾乾的刷手服摺好，依尺寸和顏色疊成一堆堆。只要能做點事，**什麼事**都好。如果真的沒事可做了，我就會從同事們身邊晃開，去我們安排遺體瞻仰的地方，讓沉默像解藥一樣沖浸我。

我花了很多時間在停屍間裡獨處。

當然，我並不是完全的社交無能，我也會找時間跟訪客聊天，特別是那些來接收死者、送到各個葬儀社的新殯葬員。而且，每個星期四下午我參加文憑課程時，也會認識其他的APT。我甚至跟其中幾位同業有社交式的約會——只是一起吃喝點東西，沒有浪漫成分，試著交交朋友而已。

對我來說，接受相同職業領域裡與我年紀相近者的晚間約會邀請，並不是什麼奇怪的事，不論對方的性別為何，況且這個城市對我而言很陌生，我一個人都不認識。但是，當時幾乎所有的葬儀員和APT都是男性，誰知道是不是我的社交生活讓大都會醫院的團隊會錯意了？也許他們以為我在北方有了男朋友，卻還想向外發展？也許這能解釋我為何感覺如此不受尊重？但我並沒有想要得到任何人的心——或是其他身體部位。我努力把這方面的興趣限縮在驗屍房裡！

我跟北方男友的遠距離戀情正走向終點，我在南部這邊不需要更多複雜關係了。我連最基本的生活條件都還沒有：一個讓我想住在裡面的家，一個要好的女性朋友，一個優秀的髮型師，還有最愛的咖啡店。我只是個尚能正常運作、為工作而活的禮儀師——只為了死者而活，別無其他。我開始珍惜獨處的時光，跟那些男孩子離得愈來愈遠。我在工作時聽音樂，因為這些可是值得我們仔細關心注意的病人，而音樂可以幫助我放鬆，專注於眼前的任務，減少錯誤發生。我可不想不小心弄丟一根手指。

我另外一個不想弄丟的部位就是我的心。但在我感覺如此脆弱又孤獨的時候，不可避免地會把感情投射到某個人身上——某個在團隊裡負責引導我、對我表現友善、擁有敏感面向的人。**APT**之中最年輕的喬許成了我唯一想交談的對象。**實際上**我到底有多喜歡他？我現在仍然不太確定。也許我只是太討厭其他人，而他便成了我發展伙伴關係和同事情誼的最佳選擇：我有多不喜歡恐怖三人組，就有多喜歡喬許，這之間似乎有一種成反比的關連。他鬆軟的褐髮與溫和的個性，讓他像磁鐵一樣吸引著受傷的人，也就是像我這樣的人。那是一份我此時此刻亟需的親近感與友情，深深地撫慰了我。

當恐怖三人組睡著或外出、當天的工作又都已做完時，我和喬許常常會坐在一起看電影，等著停屍間的對講機響起。

「什麼？妳沒看過《魔王迷宮》？」他有一次在我們的對話中驚呼，然後表演了一個我猜想是片中名場面的段落：「我不為任何人搬移星辰！」

我徹底茫然地看著他。

「好啦，這樣吧，我明天帶這部來，」他如此聲稱，而且說到做到。我們並肩坐在安靜的辦公室裡，拉門關上，其他人在周圍呼呼大睡。我們知道會有一兩個來接收病人的葬儀員打斷觀影，但不會把其他人吵起來——我們只要按暫停鍵就足以應付。偶而，我跟他在一起的時候，會希望人生也能有個暫停鍵，讓我們可以一直繼續交談，沒有人會來打擾我們的平靜，短短的片刻之中，周遭的一切都不再存在。

我想我的感情開花開得太盛，不是玫瑰，而更像牽牛花，只在夜晚開放——在錯誤的時間點，黑暗的時期。只要一感受到陽光，花瓣就閉縮起來。由於喬許已經跟女友交往多年，我反省地想到，這樣對我而言並不是個安心、健康的情境。我明白了，我需要出去「感受陽光」，讓倫敦成為我的快樂家園，但也許換個新的基地。我開始考慮要割除我一切問題的核心、離職求去。不過，雖然喬許和我之間從來沒發展過浪漫關係，我仍會永遠感謝他在我最需要的時候給我的友情。

＊＊＊

有時候，APT 必須從那些不需接受驗屍、但身為器官捐贈者的病人身上移除心臟。在這種特定情況下，如果病人已經死亡，心臟就無法完整移植給需要整顆心臟的活體病人，所以必須是在捐贈者仰賴維生系統的時候進行。基本上，捐贈者的身體機能仍持續運作，但不可避免地會走向被稱為「腦幹死亡」的狀態。家屬會決定在一個特定的時間點關閉維生系統，讓受贈者與醫生有機會為這個針對新鮮心臟的手術做準備。至於已經過世了一小段時間才送進停屍間的死者，他們的心瓣膜還是能夠移植給需要瓣膜修復或置換的病人。

當移植手術使用的是人類捐贈者的瓣膜，就稱為同種移植體，但有時候也會使用人工瓣膜，甚至是豬或牛的心瓣膜。不過，這項手術必須在死亡後四十八小時內進行，死者在死後六小時內必須冷藏。如果沒有經過冷藏，那麼死後十二小時內就必須進行瓣膜移除。只要我們能及時移除整顆心臟，並以正確方式包裝、運送到相應的細胞組織銀行，某位活體病人就能受益於這顆已死的心臟瓣膜。

克里斯對摘取心臟很有經驗，某天，他以不尋常的耐心提供指導，為我示範如何操作。說句公道話，不管他有多少缺點，他都是大都會醫院裡最博學的 APT，也是在驗屍實務方面最豐富的一位。他首先解釋，我們在這個程序中使用的工具是專用器材。他遞給我那把專用的 PM40 手術刀，然後說，「妳可以跟平常一樣下刀。」於是我以直線切口開始，接著以專用的肋骨剪移除胸骨和肋骨。

「現在我來接手，」他說。但我動作完成之後，他並沒有把我手中的 PM40 手術刀拿走，而是打開了一組拋棄式的心臟摘取專用工具，是由NHS（英國國民醫療保健署）血液與器官移植中心提供的，專為這個階段的捐贈者遺體設計，以將體外交互感染的風險降至最小。

「好，」他頗富權威地繼續說，逐步對我解說動作，「這跟移除心肺阻斷是很不一樣的。妳要做的是，用這把拋棄式剪刀剪開心包膜，小心刀尖不要碰到肺臟或是其他東西。」

心包膜又稱為心包，是包圍著心臟的雙層漿液和纖維性膜，其中含有液體，所以器官可以順利在它的包覆之下重複搏動。它保護心臟不受感染，並且有潤滑的效果。

克里斯輕輕割開纖維性膜，然後心臟特有的條狀肌肉便出現了，一如往常地光輝閃耀。

「現在，我們要用拋棄式手術刀割斷心臟頂端的血管，高度盡可能提高，讓NHS的人可用的空間越大越好，」他照著做了，不久後他就用一個現在我已十分熟悉的姿勢，將心臟舉在半空中。不過他並沒有變身成太空超人。」

「好，拿兩支沾棒，在心肌組織的兩個不同區域各沾一下。我的手會保持不動。」我依言照辦，把沾棒標示好，然後輕輕放下。這是為了讓這顆心臟在移植中心做感染檢測。

「現在我們就可以用哈特曼氏液（Hartmann's solution）清洗它，」他說。我不敢置信地回答，「**心臟**曼氏液——你是說真的嗎？」

他聽懂了我的笑點，「哈哈哈，不是啦，那只是一種取名取得很巧的溶液，成分和血液相近。妳打點滴時打的就是它。」

「啊，」我了解他的意思了。哈特曼氏液是一種等張溶液，由生於一八九八年的美國小兒科醫生哈特曼發明。它與血液極為接近等滲（意指它們的滲透壓或「液體」壓力相同），因此常透過點滴用於靜脈輸液，取代由於各種傷病狀況而流失的體液與礦物鹽。現在，它則可以讓心臟在運輸途中保持穩定狀態。

清洗之後，這個寶貴的器官被裝進一次性塑膠袋裡，然後克里斯遞給我一個保麗龍盒，要把它和微生物沾棒放入，周圍再塞上一公斤的冰塊。

「好啦，」他說，「打包吧。」

＊＊＊

巧的是，稍後在那天晚上，我發現自己又在打包了，這次收的是我的行李。事態正在好轉，而且我要去的地方也不遠。我的其中一個室友瑪爾，本來住在我們的三房住宅裡最大的房間，現在已經搬出去了。而我在國際特赦組織的會議上認識了一個朋友，名叫丹妮絲，是個律師，她在找新的住處，所以我就搬去住大房間，她則住進我的舊房間。

突然之間，我感覺更安定了。我跟一個算得上朋友的人同住，上課時可以見到其他**APT**，而且今天還學會一項新技能呢。

我的人生開始像是步上了軌道。

07 腹腔——罐頭嬰兒

「鮮果傷痕累累，青春年華正盛。」——〈盛開〉（*In Bloom*），超脫樂團（Nirvana）

維多利亞醫學博物館的解剖學展示區，以及我先前提過的嘉年華怪胎秀，都是由眾多的奇觀異象混雜而成，包括不可思議的「美人魚標本」，實際上是猴子和魚的骨架組合，當然還有長了鬍鬚或全身刺青的女子、大力士，以及其他外觀不幸變形或畸形的人。除了這些司空見慣的東西之外，還有真正的人類組織標本，足以讓一般人敬畏驚嘆，因為其中保存了我們自己從未見過的身體部位。那些誘人的解剖維納斯美女，還有較小的蠟製器官模型，也持續吸引大眾成群前來參觀這場嘉年華。不過，其中一個最吸引人的看點還是「罐頭嬰兒」，這是經過防腐保存的完整嬰兒標本在老式嘉年華中的俗稱。

當然，我們絕對不會在現代博物館裡使用這個俗稱，因為那樣既是時代錯置、也不合專業倫理。但是，儘管它們的現代名稱和展示方式屬於教育性質——胎兒或新生兒標本——仍然容易引起騷動，並且大大造成展覽倫理方面的意見分裂。

＊＊＊

依照停屍間執行的多種器官移除方法，胸腔清空之後，APT 通常就會接著處理腹腔，其中的器官包括胃、胰臟、肝和膽。然後是泌尿生殖區，包括腎、腎上腺、膀胱和生殖器官，都必須移除。

我永遠不會忘記我受訓初期第一次看到子宮和卵巢，是在一個健康正常、但已經死亡的女人身上。「就是**這個**？」我激動地大叫，使得室內其他 APT 和醫師都朝我轉過頭來。我無法相信，這兩個器官竟然這麼小！經過了這麼多年的經痛以及經前症候群帶來的不適，我總把子宮想像成一個鮮紅色的邪惡物體，長滿了尖刺，會在我試圖摘除它的時候張牙舞爪。然而，它長得就像一顆小小的粉紅色李子，卵巢則像是兩顆成對的、飽滿的杏仁。它們看起來是如此無害。我震驚於如此平凡無奇的東西竟能造成那麼大的痛苦。當然，我還是（心懷怨氣地）習慣了這兩種器官的大小和形狀，直到有一次，我解剖到的子宮比該有的尺寸大了許多，讓我必須通知病理學家。

「醫師，你可以過來看看這個嗎？」我問道，不知該如何繼續進行。

他過來檢查了一下那個器官，然後謹慎地劃了一道長長的切口，這才發現那具女屍的子宮裡有一個宛若天使的纖小嬰兒。這就像是作家埃本斯坦（Joanna Ebenstein）所描寫的最終發現，「平靜的胎兒蜷縮在古老的蠟製解剖學維納斯的子宮中。」她們的性別被當成一種工具，用以教導學生認識生命的創造、成長，甚至是毀滅。

子宮也可以是墳墓。

停屍間的工作內容當然也包括胎兒與新生兒的檢驗和解剖，因為令人難過的事實是，小寶寶也會死掉，不管是在子宮裡、產程中，或是出生一段時間以後。在文化層面上，我們並不樂意考慮到這一點——人們不願想到那套新生兒專用、像娃娃屋般的袖珍驗屍工具，或是小小的長方形棺材，以及停屍間必須大量採購的迷你塑膠屍袋。那些像宜家家居產品一樣裝在扁平紙箱裡運送的棺材，帶給人一種奇怪的紛雜感受，一方面它用來裝盛某人過世的孩子的遺骸，但另一方面也**可能**是個放鞋子的方盒。胎兒或新生兒的解剖程序令人恐懼，因為其中有一種自然、母性的驚怖，驚懼於如此弱小而無邪的人類竟然遭逢這樣的不幸。

但這程序確實是必要的。

在大都會醫院的大部分狀況下，嬰兒的驗屍不是由驗屍官下令進行，而是經由家長的同意。大約百分之十五到二十五的懷孕是中止於流產，而超過百分之八十的流產是發生在孕期前三個月內。被詢問到是否願意進行驗屍時，震驚不已、深受打擊的家長通常會同意（甚至常常是特別要求），因為他們想要知道答案。是否有什麼因素造成了小寶寶的死亡，是他們在下一次懷孕過程中可以避免的？是否有什麼基因方面的問題需要治療，好讓日後的懷胎可以成功順產？

我第一次為嬰兒執行驗屍是在大都會醫院，那套程序和我平常在成人身上做的完全不同。為了在 APT 這項職業繼續精進，我很樂於接受學習新技能的機會，而令我感激的是，有那麼多人可能來指導我，但那次我見習的對象是喬許。他妥善地安撫了我第一次看到死嬰躺在驗屍臺上的驚駭：沒有玩笑、沒有小聰明、只有耐心。一個即將接受解剖的夭折孩童，不管是幾歲大，對看見的人而言都是一大震驚，哪怕我已經跟死人一起工作三年，幾乎什麼場面都見過。

我們一起檢驗的第一個嬰兒是個男嬰，在子宮內就過世了，也就是說，他沒有長大到足以形成嬰兒的外觀。他處在妊娠期的十七、十八週左右，皮膚細嫩（或說是「易碎」），不是粉紅色，而是鮮紅，因為遭到浸潤，也就是死後在母親的羊水中浸泡並軟化。（自溶酵素導致了這種組織分解，就像成人死亡之後的狀況一樣，但由於子宮內的液體是一種無菌溶液，故不會發生細菌活動和「正式」腐敗。）

在身體外觀上，他的比例跟足月的嬰兒並不相同，頭身比和成人較為接近，四肢修長細瘦，不像帶著甜美氣息的新生兒那般圓潤飽滿。他看起來像是一個縮小版的成人，還被熱水燙過，一部分皮膚因為浸潤作用而剝落。他的外觀也有一點點像爬蟲類或是異形。但儘管他在某些方面看起來不太尋常，仍然明顯可以辨識出他是人類：閉起的眼睛周圍有著細小、淡色的睫毛，小小的手指上不可思議地已經長出了和針頭一樣小的指甲。他仍然是個小小的奇蹟。

我從來不是個母性強烈的人，但我知道這孩子是個獨特的存在，我不喜歡這位新來的初階嬰兒病理學家這樣抓著他的腳、把他丟到磅秤上，像魚販在秤鱸魚。嬰兒病理學家都是這樣做的嗎？我不知道。當時我對這個程序一無所知，在醫師開始發號施令，而喬許記著筆記時，我只感到困惑不已。

嬰兒驗屍的世界裡有些不常見的字彙。我是第一次聽到「胎脂」和「胎毛」這樣的字眼：胎脂是新生兒身上包覆的一種白色蠟狀物質（通常是在電視上看到，除非你有在婦產科病房遊蕩的嗜好），胎毛則是約五個月大的胎兒在子宮裡長出的羽絨般細毛，在七到八個月時會脫落到羊水中。另外還有別的：因為胎兒攝取羊水作為營養來源，所以它也會吃下脫落的胎毛，這就是胎糞（胎兒第一次排出的糞便）的部分成分。

這個新世界也太瘋狂了吧？我原本就覺得活著的嬰兒已經夠麻煩了——我不會抱或餵他們，因為來自小家庭的我毫無經驗，而且我出門的時候也不想要聽見他們的聲音、聞到他們的味道——但我現在發現，他們在死後還變得更加複雜。

感謝喬許，他在我專注旁觀時一步步為我講解程序。在新生兒驗屍程序中，先要記錄這具小屍體的身高和體重，以判斷確切的孕期階段，然後由嬰兒病理學家執行精細的解剖。我們 APT 在旁待命，記錄測量數值、傳遞專用工具，幫忙把微小的組織樣本裝進一個個罐子和盒子裡。

嬰兒病理學家本身對胎兒，或是胚胎的器官非常熟悉，那些器官還太小，視覺上幾乎難以辨別不同組織間的差異。我們這些技師甚至不需要像處理成人案件時一樣負責切開頭骨，病理學家會親自動手推開薄薄的頭部皮膚，用剪刀切穿脆弱的顱骨。不需要用上骨鋸，因為頭顱軟骨還太脆弱，還沒有機會硬化成真正的骨頭，特別是頭頂的柔軟開孔區塊，囟門。

我們主要執行的任務是記筆記，以及將腦部在福馬林中保存一週，使它「固化」到足以檢驗，因為它在這個階段還太過柔軟，無法讓病理學家解剖。我真的只能把它形容成一團精緻的粉紅色布丁，幾乎看不見我們在腦部圖片上習見的紋路。另外一項任務，則是將小小的屍體重建復原，因為家長可能會想看看孩子的遺容，當然，只要我們準備完成，就會立刻應允他們的要求。

「喬許，我不懂，」我在第一次新生兒驗屍後問道，「如果寶寶的頭骨開過了，腦子要放一個星期，怎麼可以讓家長在這個下午來看他？」我指著一個做了標示的特百惠保鮮罐，那塊細緻的淡色團狀物正浸在裡面的溶液中，跟其他無數的同類物品一起放在專屬的「腦子架」上。

「我們不需要把腦部裝回頭骨裡，」喬許耐心解釋，並從大團的棉花上拿下一小塊，塑形成跟已摘除的粉色腦組織約略相等的球狀，然後細心地放進空空如也的顱骨裡。

好像有點道理，但我還是納悶：「可是，如果我們現在縫合，下禮拜就要拆線把腦部放回去，對不對？然後再重新縫合嗎？看起來會一團糟吧。」

喬許不厭其煩解答，他伸手取了點俗稱「萬用膠」的氰基丙烯酸酯——我很快就學到這是禮儀師的獨門祕方，真的名不虛傳——然後說，「我們不能用縫的。妳看，它太易碎了。」他說得沒錯。它的看起來就像剛被燒傷的傷者皮膚，太容易撕裂。我著迷地看著他仔細地將醫師切的傷口邊緣修摺成完美的直線，輕輕在其中一側的皮膚塗上一道萬能膠，然後將另一側的邊緣壓合上去，固定幾秒鐘。就這樣，兩片頭皮之間的接合線細如髮絲，幾乎看不見了。我讚嘆地看著他。

但也沒有多少時間讚賞他了，因為萬用膠乾得很快，接著他輕柔地將寶寶翻到背面，露出空蕩蕩的胸腔。

「好了——換妳來。」

好，第一個問題是，攤在小型解剖臺上的是一堆迷你的器官與組織，看起來全都是一模一樣的貧血粉紅色。它們必須回到寶寶體內，而成人用的器官袋顯然不是正確的做法。就在那時，我瞄向保鮮膜。我伸手去拿，喬許點頭對我的正確推測表示贊同。我取下一片難纏的易黏塑膠膜，輕輕用小手術刀把器官和組織堆到上面，然後包成一個整齊的小包裹，完美地符合胸腔的大小。然後，我拿起萬用膠，嘗試喬許剛才演示過的技法。他做的時候看起來毫不費力，但其實這個動作麻煩得要命，不過最後我還是做到了，纖小的軀幹現在完好如初，只有中間下方有一條不比繡線粗的接合線。看到他對我的努力成果露出微笑，我感到一陣自豪，但一如往常，我們沒有時間為小小的成就慶祝。我們已經準備接著進行下一項任務了。

「好，我們快幫他穿好衣服、準備瞻仰吧。」

＊＊＊

一開始，喬許說我們要幫這一具來自小人國的屍體穿衣服時，我沒聽懂他的意思。小到無法在子宮外生存的胎兒，當然不會有合穿的衣服。也許我們該買玩偶的衣服來？我這才得知，有志工特別為這些小小遺體編織了縮小版的粉色和藍色衣物以供瞻仰，通常是帽子或毛衣。我們特別需要帽子，因為它可以讓外觀古怪的小屍體看起來富有人味，並且藏住背後不管重建得多麼細心都還是存在的切口。身為這個團隊中唯一的女性，我似乎成為往生室主管辦理嬰兒遺體瞻仰時必找的人選。

我發現自己頗喜歡這項工作：我確保孩子著裝妥當，家長要求擺在搖籃裡的玩具和相片也都在該放的位置。我逐漸習慣了原本陌生的嬰兒世界，而且我感覺自己比起恐怖三人組，更能夠跟這些身處悲痛時刻、備受打擊的家長進行妥善的溝通。而且，這也讓我在下午時段有更多事做，得以遠離團隊中的其他人。喬許常會來幫忙，他可以敏銳地察覺到家長的需求。在嬰兒遺體瞻仰和攻讀文憑的過程中，我開始覺得我在這所停屍間自有特別的使命，並不需要長時間跟其他人共處。

正合我的意。

＊＊＊

為什麼嬰兒的遺體瞻仰必須如此細心處理呢？這也許聽起來是個愚蠢又簡單的問題，因為他們是小寶寶啊，而且「他的死實在是晴天霹靂。」所以極度令人難過，但這些情形其實也在其他很多死者身上發生。許多人也是在突然之間痛失親友，可能是他們多年來十分親近的手足、父母或摯友。他們也應該享有同等的照顧和關注。然而，嬰兒遺體瞻仰有很好的理由需要更細心體貼的處理，也許是因為人們對於這條沒有機會開始的生命抱持的悲傷，以及對於這個天真無邪的孩子的各種期望。

在一九九〇年代晚期的英國，發生了一樁醫院擅取器官的醜聞，被稱作奧德黑（Alder Hey）醜聞。事件的開端，是一位悲痛的母親得知她孩子的心臟在布里斯托一間醫院被留待檢驗，她卻沒有被告知（代表她不知情地埋葬了孩子不完整的屍體）。調查發現同一類擅取器官的行為也發生在利物浦的奧德黑醫院，離我以前的工作地點不遠。進一步的調查更揭露了另外約兩百家醫院與教學機構，也例行性地在家長不知情的狀況下擅取死者器官，只因為一九六一年的人體組織法沒有明確規定需要取得家長同意。社會大眾義憤填膺，媒體報導對這個敏感的情況更是火上加油，他們以「恐怖的醫療過失！」和「盜屍人重現！」作為報導標題。

實際上，並沒有人真正做出任何違法行為，只有一位不乾不淨的病理學家除外，此人有個充滿恐怖哥德風的名字，叫作迪克・范・維爾岑（Dick Van Velzen）。他任職於奧德黑，是故該醫院最後成了許多人注意的焦點——這也是為什麼這起醜聞常被簡稱為「奧德黑」。

一個由喪子的家長所組成的團體要求修法，於是人體組織管理局最終在二〇〇五年於英國成立。他們的職責是確保任何器官的摘取保留都能獲得近親「充分了解資訊後的同意」，以及管理驗屍、公開展覽與器官移植等事務中使用人體組織。這就是為何我們必須特別審慎處理嬰兒遺體瞻仰，即便大部分家長都十分樂意討論嬰兒的驗屍，也都同意進行組織的摘取和保存。一旦涉及夭折的嬰兒，一九九〇年代的醜聞在許多人心中留下的污名似乎仍未消滅，不過，對於未能以「全屍」下葬的焦慮與恐懼似乎也沒有消失，反映著過往對遺體解剖的懼怕。

這也讓我們用一種扭曲的觀點看待驗屍與醫學標本，像那些我工作的博物館架上的展品，儘管我們對待它們的態度並不像古人對罐頭嬰兒那樣。為什麼大多數人對它們的反應，還是比起對成人的標本更敏感？也許，漂浮在保存液中或攤在解剖臺上的完整嬰兒，因為有著小小的睫毛、手指和腳趾，更容易讓人辨認出人類的特徵？或者，一條無辜生命橫遭浪費的念頭，讓有些人就是對夭折的嬰兒比較敏感？有人覺得在博物館展出這些標本，對於遭逢過流產或死產的人而言會勾起創傷。但是，身為女性的病理學家、警務人員、社工及其他在私人生活與職業領域上都遭遇過這種創傷的工作者，又應該怎麼辦呢？她們要停止工作嗎？一切都要就此迴避嗎？

我即將發現答案是否定的。人生還是會繼續。

＊＊＊

在某個方向，我的人生確實繼續前進著。

我看到一則廣告在為倫敦另一所停屍間，聖馬汀醫院（St. Martin's Hospital），徵求資深 APT，現在身為擁有文憑的資深技師，我可以應徵。書面上，我的資格已經達到 APT 的最高水準。我的面試中再次出現了四人一組的面試官，但我已經習慣了，我全力以赴。我富有自信、能力充足，而且更重要的是，我已逐漸擺脫了前一年的負面情境。在超過五年的時間裡，我經驗過遺體防腐、各種葬儀工作，以及幾乎所有類型的驗屍程序：驗屍官轄下的、醫院裡的、刑事鑑識的，還有新生嬰兒的。我唯一沒有充分經驗的領域，是高風險病人的驗屍，也就是針對已知患有傳染性疾病的死者、經靜脈用藥者，以及曾經暴露於危險化學藥品或放射線的人。這類的高風險驗屍只能由資深 APT 執行。

我需要那項經驗，也需要脫離我當時任職的醫院。我是個不錯的 APT，但我想變得優秀出色，而聖馬汀就是最好的學習環境之一。我的熱忱和對挑戰的渴望想必在面試時表現得非常明顯，我的履歷也佐證了我所說的專業能力，因為我還沒離開醫院，其中一位面試官就撥了我的手機。

我做到了——我得到了那份工作。我真的是用跳的離開醫院大門的。

* * *

聖馬汀醫院給我的真是一段截然不同的經驗！跟我的上一個工作地點相比，這裡有一種完全不一樣的瘋狂。以前在那裡，我只有在選擇讓自己有事做的時候才會忙。而現在這裡讓我別無選擇：我不斷在停屍間裡跑來跑去，像隻反吐麗蠅（那是青蠅的學名）。這裡是我待過最繁忙、產能最高的停屍間。說到極端值嘛，我剛從四個男生組成的團隊換到五個女生的小組，其實成員正要變成六位，因為有個新訓練生剛開始工作，所以再加上我就是**七個**女生了。在上一個工作地點，封閉環境裡的大量睪酮引起了問題，我接下來該如何應付這一大份雌激素雞尾酒呢？

等待時間來證明吧。

至少，不時出現的單位主管胡安是男性，能夠為我們的工作日常添加一點陽剛特質。我跟他在七七爆炸案的應變單位見過，我滿喜歡他。他有野心抱負，能激發旁人的上進心，個性溫和，而且樂於鼓勵他人，但必要時也能夠表現強悍。我很高興能跟他共事。

在那裡的第一個工作日，我努力表現得盡可能自在，雖然我其實緊張得發瘋——跟四個肖似影集《年輕人》主角的男人共事一年，對女孩子就有這種影響。但是，對於當時剛恢復單身、想融入群體的我，來到一個截然不同的環境、加入這一票女孩，是很不錯的。這正是我需要的改變。

第一天早上，我們坐下來喝咖啡、互相介紹時，我瞥見辦公室裡的電腦旁有一本 Maxim 雜誌。「Maxim？那不是男性雜誌嗎？不會是胡安的吧？」我眨著眼說。

女生們都笑了，資深 APT 雪倫是和我合作最密切的同事，她回答道，「不是啦，我們買這本是因為裡面有一篇跟我們常合作的葬儀社的特別報導：倫敦南區的安德森．摩根葬儀公司（Anderson Morgan Funeral Service）。」

「啊，」我一邊說，一邊興味盎然地翻著雜誌，心想安德森．摩根至少會佔個六頁左右的篇幅。那是一間非常有名的家族企業，上過電視，也承辦過一些社會高度關注的葬禮。

我翻到一半停了下來，聚焦在其中一頁特寫的某個葬儀社員工身上，我覺得他長得相當不錯：褐髮，健壯的雙臂在特別代表葬儀工作的綠色塑膠圍裙外交叉著。仔細一看，我讀到這位是湯瑪斯，葬儀公司的防腐技師。我想繼續跟其他人對話，便讚嘆道：「哇，這小鮮肉是誰啊？」同時舉起雜誌讓其他女生看到——在場有好幾個人，包括停屍間主管蒂娜，都在小辦公室各處的椅子上落坐。

「那『小鮮肉』是蒂娜的先生，」雪倫面帶微笑說。

「哈哈，別鬧了，」我抬起一邊眉毛嘲笑道。我真的以為她們在開我玩笑，整整新來的菜鳥。

「不，是真的，」蒂娜不帶一絲笑意地說，「他是我先生。」

我剛剛把我新主管的先生說成「小鮮肉」。

真是上工第一天美好的開始。

＊　＊　＊

我說過聖馬汀醫院很繁忙，但那實在是輕描淡寫。這裡是倫敦最大的醫院之一附屬的停屍間，但是也接受當地轄區驗屍官指派的案件，這代表有些死者是從上面的醫院送下來，有些則是從外面來的。同時，由於這裡是高風險驗屍——一項我成為資深APT後主要負責的任務——方面頗具地位的「菁英中心」，所以也接收來自其他地區的死者，範圍遠至布萊頓與伊普斯維奇。我從來沒有不忙過。我們的正式上班時間是早上八點到下午四點（值班待命時除外），但我以宗教式的紀律在七點半就進辦公室，泡一壺咖啡，因為，相信我，我們稍後全都會需要咖啡的。有許多天晚上，我下班的時間根本不是四點，而是六、七點。

我的慣常流程是早上處理一到兩件高風險驗屍案例，一開始的時候是肺結核、HIV和肝炎，因為這些是最常見的病例。我深深地享受這樣的挑戰。高風險病人需要專用的驗屍房和設備，不能和訓練生與技術人員所處理主要驗屍房裡的一般案件混在一起。

聖馬汀醫院的主要驗屍房和大都會醫院的一樣大，其實還更大一點，因為尚有後方的嬰兒檢驗臺和X光機器，以及讓醫學生旁觀驗屍程序的走廊。但我喜歡那間感覺像是我個人驗屍套房的高風險驗屍室，我可以完全照自己希望的方式處理案件，等待搞笑、多才又神祕的聖克萊（Aloysius St Clare）教授來進行檢驗。

他有時候會戴一頂印第安那瓊斯風格的帽子，在高風險驗屍室的更衣間換刷手服時，最後一步才會把帽子拿下來。有一天，我走進去時撞見他全身只穿戴著四角褲和那頂印第安那瓊斯帽，但他一點也不怕羞。他只是雙手叉著腰對我說，「卡拉，我想我們今天這案件需要很多標籤，有很多樣本要採。」而我四下張望，只求不看到他裸露的胸膛和褲子，羞赧地說，「好的，教授，」然後飛速衝出去印標籤，心裡很感謝有這個藉口。

在這所停屍間，我身為資深APT的新職掌之一，是埋葬四個死去的嬰兒。

這可不是我期待的事。

每間醫院都設有往生室，就像大都會醫院一樣，但我事前並不知道這間醫院的往生室和停屍間部門合作得有多密切。比方說，如果往生室忙昏頭、有一堆行政文件要處理，而我們這邊平靜無波，我們就應該有一個人上樓去幫他們的忙。這對我們是有益的，因為我們得以看見關於病人死亡的每一個面向，並且學到與死亡有關的行政事務。

許多醫院都有一筆基金，專門用來為轄區內無人認領的死者舉辦基本的葬禮。或者，也可能是死者家屬根本無力自行負擔這筆費用，且符合政府規定的財務補助資格。成人的葬禮在樓上舉辦，而至於我必須為這些死去嬰兒辦理的，也是同一種儀式，但地點是在地下室的停屍間。我沒想到會有那麼多家長不願意親自辦理子女的葬禮，但這是個常見的狀況，以致於我每個月必須辦理十到十五場嬰兒葬禮。這點出我意料，因為許多葬儀社對於嬰兒和孩童的葬禮都會減免幾項特定的費用，辦起來不像一般的儀式那麼昂貴——但還是會發生一些需要我插手的情況。

舉辦這種葬理通常牽涉到大量的行政文件，還有與安德森．摩根公司的頻繁聯絡，因為他們簽約承包了這類儀式的辦理工作。我會經由往生室收到婦產科病房提出的葬禮需求表單，然後去檢查冰櫃，估量嬰兒的大小。他們會被裝在暫用的紙板棺材裡運送到安德森．摩根公司，所以我必須幫每具小屍體挑選適合的容器，這個過程總是給人非常奇怪的感覺。只有十八、九週大的超小嬰兒？絕對是用四號的「鞋盒」。足月的新生兒？那就是十三號了。嬰兒愈大，紙箱的尺寸也愈大，也愈讓我難以理解家長為什麼要拋棄他們死去的孩子。不過，我還是會根據他們的聯絡資料寄發信函或是電子郵件，通知他們儀式的時間和地點，也許他們會想要出席。

我把這些小小的屍體叫作「我的寶寶」，每月都會有殯葬員來將他們統一接走，而我親自監看整個流程，這是我和這些無人認領的小天使最後的相處機會了。我會檢查每個紙箱、每個編號手環，在名單上打勾，整批移交給殯葬員，放在成人用的擔架上，用有彈性的罩子蓋住。然後，在心裡跟他們說再見。

殯葬員來接收成人死者時，流程都大同小異：我們去應門，跟殯儀員閒話家常時，確認他們有正確的文件證明可以接收死者，然後幫他們把相應的病人搬到擔架上罩好。雙方都簽了好幾次名，冰櫃門上用白板筆寫的名字擦掉了一個，然後殯葬員就欣然離開了。有時候實在很難跟他們所有人都保持友善互動，特別是當你驗屍到一半，必須脫下防護裝備出來應付那些不顧一切想聊天的人，只是當你滿腦子都是手邊的案件時，沒有什麼能讓你分心。

所以，蒂娜某天帶著淘氣的眼神來找我時，我很訝異。她已經寬大地原諒我一開始關於她「鮮肉」老公的失言。

「妳認識塞巴斯欽嗎？」

「不認識。」我說。我真的不認識那個人。

「妳認識的啦，」她堅稱，「妳昨天跟他講話講了超久。就是那個南部人。」

「蒂娜，他們對我來說全都算是南部人。我需要多一點線索。」

「上禮拜三，妳一定記得吧。」

我想了一會，「喔喔喔，對，我知道他。怎麼了？」

「他請湯瑪斯問我能不能把妳的電話號碼給他。他想約妳出去。」

我試圖回想我和塞巴斯欽過去幾個月來的許多次對話。是的，他還挺風趣，而且我覺得我們之間的確是有點化學反應。我記得他聞起來的味道也不錯。（能夠聞到除了你正在移交的死者以外的氣味，總是件好事。）在醫院的停屍間裡伴著遺體調情說笑，感覺挺怪異的，但我們都沒有不敬的意思。愛與死亡彼此交纏的方式令我們難以想像。在那樣的情境下，這樣是正常的，不過是生命循環的運作。而且，這樣可以讓你暫時忘記生命中的種種醜惡。但是，如果他連親自開口約我的勇氣都沒有，我還要跟他去約會嗎？不過，這樣還是挺窩心的……

我的思緒飄回了我第一次在 Maxim 雜誌上看到蒂娜老公湯瑪斯的那天。她是停屍間主管，而他是葬儀社的防腐技師，這簡直就是一對充滿甲醛氣息的天作之合。他們一起在家的時候，一定可以把工作上的每件事都跟對方討論，而且完全懂得彼此的意思，那一定是全世界最棒的戀愛關係了！我發現那就是我想要的。那就是我過去的破碎戀情中所缺乏、轉而在我與喬許的友情中追尋的事物。我想要一個能了解我、了解我所熱愛的職業的人，一個能跟我好好聊聊工作的人。塞巴斯欽跟湯瑪斯不同，他安靜而害羞，有點孩子氣，但他的確能逗我開懷。一想起他的樣子，我就變得躍躍欲試，想要知道進入這種交往關係會是什麼感覺。

「好吧，好吧，」我對蒂娜說，而她帶著充滿期盼的笑容看著我，「很好——給我他的電話號碼。」

於是，塞巴斯欽跟我就開始交往，我們「在一起」了。我當時已經在倫敦待了四年左右，是交男朋友的時候了。他跟父母同住，有開車，所以通常是他來找我，或是跟我在倫敦市中心碰面。跟他在一起很不錯。我們出去用餐時，他總是堅持由他買單，一起去逛街時，他會買禮物送我。他常常帶著鮮花出現在我家門口，也帶我去看電影。我們做了所有年輕情侶都會做的事。

有時候，停屍間的對講機在我待在驗屍室裡時響了，雪倫就會大喊，「拉拉，妳的另一半來了！」（她總是叫我拉拉），而我有了跟男友在工作時見面的特權。這種新奇感永不消退：我有另一半了！這麼一來，我就確確實實地完整了。我熱愛工作，喜歡我住的地方，有了我自己的完美甲醛風味戀情，我們就像蒂娜和湯瑪斯一樣理解彼此。我搬來倫敦時像迪克．惠廷頓①一樣，除了背上揹的衣物、幾本書和一點夢想之外一無所有——而現在我成功了。

人生多麼美好。

＊＊＊

「喔，看在老天的份上，」某天早上我打開冰櫃時哀嚎道，「護士又來這套。」

我眼前的是個在冰櫃裡過夜的嬰兒，身上裹著毯子，但是小小的臉卻毫無遮蔽。

「怎麼了，拉拉？」雪倫問道。她走過來，手中拿著量棒。她一看見嬰兒露在外面的臉，就知道我為何不開心。

「死後的尊嚴」這個概念是相對的。我工作過的醫院裡有很多護士覺得嬰兒不應該裝在塑膠屍袋裡，因為那樣「太恐怖了」，許多人也覺得他們放在冰櫃裡時不該把臉蓋起來，因為那樣子對他們很不尊重：他們希望擔架上的嬰兒看起來就像睡著了一樣。但是，他們不是合格的APT，所以沒有意識到一個問題，就是嬰兒脆弱的顏面皮膚可能會被冰櫃凍傷，讓他們面目全非，家長瞻仰遺體時就會更加難過。雖然我們例行性地對新進的護理員工針對此事做宣導，許多人還是繼續讓嬰兒的臉暴露在低溫中——這是他們為了保持死者尊嚴所做的錯誤嘗試。

「至少這個的狀況還不算太糟，」雪倫繼續說，「沒受到太多傷害。」

然而，這還是讓我覺得我們所有的努力都白費了。我把嬰兒的臉蓋好，嘆了口氣，關上冰櫃的門，力道有點過重。我想她判斷得出我的情緒不只起因於眼前的問

①譯注：迪克．惠廷頓（Dick Whittington）是英國民間故事中的人物，他是個貧窮的孤兒，到倫敦闖蕩時一度飢寒交迫。

題，因為她放下量棒問我，「拉拉──怎麼了？」

說實話，我已經感覺不對勁好一陣子了，而塞巴斯欽在我們交往將近十個月後所表現出的怪異行為，更是讓情況雪上加霜。雖然我們幾乎每天都有說到話，他卻有好幾次失蹤整整三天，就像從地球表面消失了一樣。我在生日當天必須動個手術，結果到了翌日都聯絡不上他，他完全沒有傳簡訊或打電話來。當時，他又失蹤了，讓我合理地感到懷疑。不過，我的情緒還是很反常。我不喜歡別人讓我的處境如此悲慘，但我不知道自己該怎麼做。

反正，有人幫我做了決定。那天晚上，我的手機毫無預警接到一通陌生的來電，我接聽時慣常地說了「您好」。

對方的招呼卻很不慣常，「妳是卡拉嗎？」一個女性的聲音以嫌惡的語氣問道。我心跳漏了一拍，然後回答「是，」但我的話說得像是個問句，彷彿我也不確定我是誰。但其實我該疑惑的是電話另一頭那名無禮人士的身分。

「妳能不能告訴我，為什麼我男友把妳的電話號碼寫在一本藏在床底下的黑色小本子上？在我們家裡耶？在我們的小孩睡覺的地方耶？」

我發出一陣呻吟，弄掉了手機。

那些消失的日子。

永遠都是他來找我。

我手術當晚他的缺席。

一切都說得通了：我不是他的正牌女友——我是第三者。

那通電話結束後我立刻覺得怪怪的。其實，我這輩子從沒那麼不舒服過。那感覺就好像有某雙邪惡的手，透過我的腹部皮膚把發臭的雞蛋、剃刀刀片和蛆蟲丟進我的肚子裡。我感覺到臉部的血液流失，離開微血管，讓我的肌肉失去必要的氧氣，帶來一種冰冷、刺癢的感覺。血液也流離了我的肢體末稍，冰涼的針刺感從我的手指和腳趾往上爬，爬上手臂和雙腿，直到我的腹部變成一個寒冷的坑洞。我看著自己的手，指甲發藍。我驚恐不已。我的血呢？跑去哪裡了？我要吐血了嗎？不是的——胸口的壓力讓我覺得血液全都跑到了心臟裡，彷彿蓋倫所描述的那個堅韌又脆弱的器官灌滿太多血液，讓它無法跳動、即將爆裂。但我也感覺得下腹部有一股重量，重到我的雙手必須保護性地捧住它。

我踉蹌跑進浴室，在鏡子裡看到的影像就如同我每天工作時處理的屍體：蒼白如蠟的皮膚、凹陷的眼窩、發青的嘴唇。我這輩子從沒昏倒過，但我看過別人昏倒，所以大致了解自己現在是什麼情況。我朝鏡子靠得更近。我的瞳孔嚴重放大，雙眼幾乎變黑。我瞪視鏡中，看到的卻不是自己的倒影：我看到了別的東西，一個鏡中的人影，像是血腥瑪麗。我將手放在鏡子上穩住自己的身軀，一開始只看見上唇上一滴滴的冷汗，然後在我開始跌落的同時，我在自己的倒影上看到一抹血跡。我最後看見的東西，就是那道深紅的血痕在我冰冷的面容前方，像火焰一樣閃耀。

我不支倒地。

我流產了。

＊＊＊

我不知道我在浴室地板上躺了多久。當我在有意識與無意識之間浮遊，廉價的浴室地墊成為我唯一的撫慰來源。我不認為我的昏迷是由於嚴重失血，我只是不想醒來而已。

還不想。

我的律師室友丹妮絲工作時間比我長得多，當她終於回家時，走進浴室才發現我躺在地上，諷刺地蜷成胚胎姿勢。

「我的天啊，卡拉，發生什麼事？」

「我流產了，」我沉靜地回答，「我不知道是怎麼……我根本不曉得……」我的句子無疾而終，因為我沒有力氣把話說完。

「我們得送妳去醫院！」丹妮絲尖叫道，在我身旁跪倒。醫院就在十分鐘路程外——我知道，因為我曾在那裡工作。我曾在那裡為嬰兒驗屍。

我知道我得去。

我請了幾天假，在休養期間，我拿到了抗憂鬱劑、止痛藥、安眠藥和抗生素的處方。這些藥物全都像火焰精靈一樣在我的肚子裡跳舞，因為我本來應該隨餐服藥，但我不想要吃東西。我什麼都不想要。

我在下午的尾聲醒來，躺在床上，窗簾是拉開的。我喜歡看著窗外的天空，特別是黃昏降臨的時候，那帶給我某種寬慰感，看著視野中的一切被罩上一層暮色，變得愈來愈暗，直到一切都消失，只剩下月亮。我轉向我放棄已久的慰藉來源——宗教，這並沒有什麼合理的前因後果，我只是喜歡玫瑰經念珠的冰冷黑膽石珠貼在我發燒前額的觸感。我在黃昏時又吃了一顆安眠藥，即將入睡時，手指鬆開了已經變暖的念珠。閉上眼之前，我看見的最後一個影像是我流產時的血跡，仍然沾染在我的指甲上。

08 頭部——腦袋不保

「我不想知道你的祕密，它們沉重地壓在我頭上。」——〈色彩打破黑夜〉（'Break the Night with Colour'），理查・艾希克羅（Richard Ashcroft）

我完全活在當下。我唯一能做的事就是專注，專注在眼前的任務，一次一分鐘。我已經將臺上躺著的這名女性死者的頭髮沾濕，用梳子在後腦勺分出一條平行線——一道細細的白色皮膚，連接著左右兩耳。我用跟自己梳頭時相同的手法，將她的半邊頭髮往前梳、蓋住臉龐，另一半往後梳到她被橡膠頭靠從驗屍臺上撐起的脖子後方。

我把梳子換成手術刀，用刀鋒沿著同一道分線劃過，但力道加重許多，薄薄的頭皮便分開了，露出顱骨如蛋殼般的表面：這道切口現在看起來很大，但稍後重建遺體時就會藏得幾乎看不見了。我用一隻手抓住上半部頭皮，使盡全力，將皮膚拉過顱頂、拉向她的臉。不時會傳來一陣撕裂聲，我的動作被某些堅決要讓頭皮留在骨頭上的白色結締組織所阻撓。只需要用手術刀輕輕撫過，就可以繼續剝除頭皮，我使勁地拉，直到顱骨的前額部分出現。這顆頭挺好開的——我不需要在雙耳後面切上兩刀作為額外的破口。有些頭就是比較難開。這讓我想到一位來自米德蘭茲的可愛 APT 曾開玩笑對我說，「我覺得我們生來不該有耳朵，該有的是拉鍊。」

這是我們解剖所有成人頭部的方法。檢驗完成後，後腦勺的大型切口會平整地縫好，被往下梳的頭髮蓋住，幾乎無法察覺。如果死者髮量非常稀少，或是沒有頭髮，我們就會把切口盡可能往後，這樣一來，或許就可以由枕頭遮住。我們當然絕不會便宜行事地在額頭上橫切，雖然先前那部電影的假人製作者希望全世界都這樣想……。

我運用類似的技巧，將後腦勺處切開的頭皮下半部往下剝到頸部——這步驟容易多了——然後用手術刀沿著顳肌切出一個V字型。顳肌是兩塊島嶼狀的橫紋肌，分別見於顱骨兩側。這兩塊肌肉必須從骨頭上割離，貼著已經不在原位的頭皮攤平，讓位給下一個步驟：骨鋸。

驗屍房使用的電動頭骨鋸刀片是振盪式的，代表它可以切穿骨骼，但不能切皮膚或其他軟組織。這種鋸子其實跟折斷的手臂或小腿痊癒後、用來卸除石膏的工具是同一種。頭骨鋸會產生大量碎屑，也就是顱骨碎片和骨粉，所以通常會附有吸塵設備和加護罩的進氣管，將大部分的危險顆粒物質吸入，以免我們APT將顆粒吸進肺裡；但這項工具使用起來也因此非常吵鬧且笨重。我們也可以選擇戴手術用口罩。

「教授，準備好讓我移除腦部了嗎？」我站立待命，手持骨鋸，像女王侍衛拿著來福槍一樣。開始執行程序以前，你一定要先徵求同意，因為這也是在警告醫生說你要啟動骨鋸了。這非常重要，因為他手中正在使用利器，如果毫無預警，電動工具突然發動的聲音可能會害他嚇得割傷自己。

「好的，卡拉，沒問題。」聖克萊教授說。

在這間小小的專用驗屍室裡處理高風險案件時，即使他和我的節奏完美搭配，我們還是得遵照標準流程。他話才說完，我就打開骨鋸。它發出牙醫電鑽般的嗡嗡聲，還有如同吸塵器的低吼。我將因為加了護罩而很不順手的刀片移動到額頭中央，往左耳切一直線，接著在右邊也如法炮製。我在顱骨背後也重複了相同的步驟：從中央到左耳，然後到右耳。這讓我得到一塊呈橢圓的「眼形」骨骼，但它尚未完全脫離原位。

還有一件事得做。我用一片也稱作「顱骨鑿」的T字型金屬尾端插入骨鋸鋸出的縫隙，再用鎚子敲擊，然後用T字的頂端向右扭轉。這個動作立刻讓顱骨頂部與底下一層名叫「硬腦脊膜」的堅韌組織，發出一聲同時像是碎裂和撕扯的聲音。頭蓋骨（顱蓋）輕易地脫落了，我將它放在驗屍臺上、死者的頭部旁邊。濕亮的腦組織露了出來。

腦部看起來的樣子是如此……不起眼。真是難以相信，這裡面有大約一兆個神經元，是我們人格、記憶與自我的起源。它粉紅而閃亮，看起來幾乎顯得生氣勃勃。由於它實在太脆弱，我得用一隻手把它扶穩，然後開始切割顱骨底端中央的腦神經，以將之摘除。然後，我將手術刀深深伸進枕骨大孔——腦部與脊髓透過這個洞孔相連，然後切斷脊髓。我把它往左挪一點，切斷位於顱骨右下方、名叫天幕的細薄結締組織，然後在左方重複相同的步驟。如此一來，組成小腦、也就是腦的下半部的左右半球便順利脫落，讓我能將整個器官輕輕放進磅秤上的鋼碗。

驗屍過程中，每個器官都需要秤重，通常病理學家一將器官從體腔內摘出，就會立刻秤量。腦部是我負責的。我在白板寫下「一千三百四十九公克」（這是很普通的腦部重量，一般大約落在一千三百到一千五百克之間），然後小心地將它滑到教授旁邊的解剖臺上，看著它逐漸失去形狀、扁塌萎縮。

我的腦子感覺也像那樣，又塌又平。但我不覺得自己真正的性格是這樣——那是藥物的作用。不過，我還是樂於接受一成不變、索然無味的日常。若非如此，有兩件事可能會造成我回到工作崗位的困難。其一是塞巴斯欽隨時可能出現。而停屍間的其他人都表現得像什麼事也沒發生，彷彿我只是得了流感。另一件事則是我必須繼續負責埋葬嬰兒的工作。那些夭折的嬰兒真是無所不在。我更常注意到他們的存在，原因再明顯不過：我也變成了統計數據的一部分。但拜抗憂鬱劑所賜，我現在只感到一片麻木。每天我都只想準時到班，做完工作，然後回家。我像個殭屍一樣，每晚六點左右服下安眠藥，隔天早上五點起床去上班，然後再重複一次殭屍般的行程。我是個功能正常、努力工作的殭屍。我是個好殭屍。

我猜那就是為什麼我如此執著於人腦吧。

教授將我從思緒中喚醒。他使用一把長長的、鋒利得不可思議的腦刀切割那團粉紅色物質，器官的一個個小區塊在血淋淋的解剖臺上變得更扁平，最後只剩一攤淺色的慕斯狀物體。他沒有發現任何異常。這是這種高風險案件的典型狀況，由於病人是經靜脈用藥者，案件便被轉交到我們手上，因為他們有可能透過針頭感染到HIV。可能的狀況是，我們的病人死於用藥過量，但我們只能說死因「是否與毒物相關有待確認」。所以，教授正要開口，我就知道他要說什麼了，同時我手中也已拿好針筒。

「卡拉，我們需要一點玻璃體，」他印證了我的猜測。他拉掉乳膠手套，丟進黃色的醫療廢棄物桶，然後在驗屍表格上猛力塗寫檢驗結果。

雖然有些APT討厭這項差事，但是從眼球抽取玻璃體是我最喜歡的工作之一，因為那需要極度準確的動作。我拿著針筒，繞過鋼製解剖臺，與我的病人面對面。當我看著她摺皺變形的臉龐時，我想起了自己的臉，有時我在一天即將結束回到家，那副力持堅強的面容就在淚水中崩潰，我深切感受到，自己的生命中失去了不只一樣重要的東西，而是兩樣。

我不再繼續想。我將她的皮膚往上拉，蓋過切開的顱骨，讓她看起來又恢復完整，我也能夠接觸到她的眼睛。接著，用一隻手的手指撐開她的眼皮後，我用另一隻手拿針，橫向插近她眼球的白色部分——鞏膜。針是水平的，所以我可以確實看見它穿過透明的表層進入眼球，看見它滑進瞳孔底下。然後我拉高針頭，抽取大約兩毫升的透明果凍狀物，亦即玻璃狀液。它是組成眼球的一部分，另外還有更接近液體的房水。房水不斷代謝，但是玻璃體保持不變，所以如果有藥物或其他外來物質留在其中，就會一直留在那裡，除非經手動移除。

這就是為何玻璃體在毒物學檢驗上是一種珍貴的物質。它也比其他種體液能更長時間地抵擋分解作用的影響，所以即使死者已做了防腐處理，仍然可以檢驗。我用一隻新的針筒在另一隻眼睛重複了相同的動作，然後玻璃體樣本就準備好跟其他諸如血液和尿液的檢體，一起送去給毒物學家了。要到那時，他們才會知道我們的病人體內是否充滿了某種不知名的毒藥。

＊　＊　＊

我在大學裡修讀毒物學的時候，學過關於毒藥的知識。幾乎任何東西都可以當作毒藥，甚至水也可以，一切都是取決於劑量多寡。帕拉塞爾蘇斯（Paracelsus）在十六世紀曾寫到這點，他的話常被濃縮成拉丁文短語「sola dosis facit venenum」，意思是「劑量決定毒性」。然而，當我們想到毒藥和有毒物質時，聯想起的是藥物濫用，或是阿嘉莎·克莉絲蒂的經典故事中施用番木鱉鹼、砷和氰化物的反派人物。我們會聯想到無藥可治、普遍具有殺傷力的粉劑與液體控制了人體，發揮它們黑暗的效用，直到宿主死亡。

我正被人下毒。

幾乎每天晚上，我都會接到塞巴斯欽同居女友的憤怒攻擊，對我透露他的祕密（是透過語音留言，因為我從不接聽電話），雖然我並不想聽，但還是情不自禁——那是一種黑暗的癮頭。她惡毒地吐出他們一起去度假時的故事，解釋了他消失的那些日子，還有他在我生日那天帶她去看表演，拿的是他說幫我買的票。原來這就是他那天完全沒有聯絡我的原因。他一發現我去動手術，就改成帶她去約會了！她說起他有多麼愛她，還幫她買了蒂芬妮的項鍊，但當她描述那件首飾時，我知道他也買了一模一樣的給我。這一切都令我做嘔。她的話語流進我耳裡，鑽進我的頭顱，像是某種黑色的真菌，菌絲飢渴地攀附我脆弱的粉紅色腦組織，一旦它生了根，我就再也無力抵抗。

我每天早上用自動導航模式完成工作，午休時間我也不吃飯，反而跑到醫院的禮拜堂，像個蒼白的幽靈般躺在座席上，等待天命時刻的到來。我去那裡是為了求得一種和平安詳的感覺，我通常能夠如願。但有一天，我平躺在那裡、拿著冰冷的玫瑰經念珠按在前額時，我先前為了處理天主教嬰兒葬禮而遇到的愛爾蘭司鐸派崔克，發現我很不對勁。

「一切都還好嗎？」他輕聲問，「我知道，這是個蠢問題。」

我挺喜歡派崔克。他是個會穿皮夾克、騎摩托車的司鐸，以一個神職人員來說，他在我的標準下算是很酷。

我以另一個問題回答他，「你有沒有過這種感覺，就是跟你很親近的某個人做了非常骯髒的事，髒污也沾染到你身上，成為你的一部分，感覺你再也無法變乾淨了？」

我不覺得這是他意料之中的問題，但他停頓一會後說，「上帝的幫助永遠能讓你恢復潔淨。僅僅只是接近神的恩典，就能淨化妳。」

我思考了片刻，然後一言不發地將念珠放回刷手服口袋，回到樓下的停屍間。

我的洗澡強迫症在那天晚上開始。我覺得我再也無法有乾淨的感覺了。

這挺諷刺的，因為我成年後的生活都跟死者相伴度過，我也知道許多文化中都有「死亡禁忌」，將那些跟死者有所接觸的人視為「不潔」。佛洛伊德探討過這個現象，主張那是由於「害怕死者的鬼魂會出現或返回人世」，但是這項禁忌早在佛洛伊德的時代前就已流傳。《聖經》〈民數記〉十九章第十一節說「摸了人死屍的，必七天不潔淨」，第十三節又說「凡摸了死屍，不潔淨自己的，就玷污了耶和華的帳幕，這人必從以色列中剪除，因為那除污穢的水沒有灑在他身上，他就為不潔淨，污穢還在他身上。」哈該在第二章第十三節有如下問答，「若有人因摸死屍而染了污穢，然後挨著這些物，這物算污穢麼？祭司說，必算污穢。」

而且，不只實體的碰觸會引起問題。撒哈拉沙漠的圖瓦雷克（Tuareg）等部族極度害怕死者會復活，以致於一旦有人去世，他們便遷移營地，甚至永遠不再提起死者的名字。他們會在死者去世的地方清洗遺體，以樹枝覆蓋，此後幾個月的時間，那個地點就被視為墳墓。喪家和寡婦身上也背負相同的禁忌，活人必須用盡各種手段迴避他們，以免自己也遭逢不測。即使到了二〇一五年，在孟買有二十五名帕西人，他們的職業從水管工到商人都有，由於一場即將來臨的罷工，他們志願跟旃陀羅①一起做葬禮上護柩的工作。一則文章評論道，「由於這個職業所背負的污名，此事十分令人意外——少有帕西人願意與旃陀羅通婚，傳統人士也將他們視為『賤民』。」

我的經驗與這些信仰形成了古怪的對比，我完全可以接受死人，他們從沒傷害過我。反而是，跟一個活蹦亂跳的人發展的感情關係，讓我覺得自己被玷污了。

＊＊＊

我覺得蒂娜比工作團隊中的其他人更理解我的處境，因為她有一天突然問我，「妳想不想離開停屍間幾天，去進修一項新技術？」我回答，「當然好，」我心裡想，「只要能讓我離開這裡的一切，什麼事都好，就算只有一天也行。」

「是一門眼球摘除術的課，在北倫敦，」她繼續說，「我知道妳喜歡採集玻璃

①譯注：印度種姓制度中的最底層。

體，所以我想妳應付得來。」

眼球摘除術指的是割除眼球的手術，雖然大部分的人體組織銀行都有專科醫師負責摘除眼球，仍然有些停屍間技術員會去學習這項技術。蒂娜說的沒錯，我喜歡採集玻璃體所需的精準動作和挑戰性，所以眼球摘除正是會引起我興趣的領域，而且能學到這樣一項技術實在是難得的特權。執行眼球摘除術是為了讓器官捐贈者能將眼角膜捐給因為反覆感染和角膜穿孔等症狀而逐漸喪失視力的病人。

於是，過了幾天，我便前往倫敦北部的亨頓。我用一具十分逼真、名叫 OSILA 的塑膠假人來練習摘除術的技巧。這具假人臉上有仿真的視神經、橡膠製的斜肌和直肌，甚至還有果凍般滑溜的眼球和結膜。我像個「另類」的女童軍般渴望著結業時頒發的證書，代表我「過關」，這在我的履歷上會是多麼好的一項技能。如果世上有 APT 榮譽綬帶這種東西，而我們必須靠自己的成就贏得上面的繡章，那麼我就等於得到「眼球繡章」[②]了。

眼球部位出現的一種常見的死亡跡象叫作「鞏膜黑斑」，詞義是眼球上的黑點，也常簡稱為「黑斑」。這種狀況出現在死者的眼睛呈現微張狀態時，鞏膜（眼白部分）會氧化、乾燥以致脫色，時間大約相當於死後七到八小時。不過，眼球暴露在外的部分形成的不是黑色斑點，而是紅褐色的線條，因為其中的脆弱組織感染了所謂的暴露性角膜炎。由於其外觀呈鐵鏽色的直線狀，受過訓練的專業人員必須了解這個現象，以免將之誤認為外傷或是出血。這種傷害常導致角膜無法移植，除非結膜炎只影響到鞏膜，沒有傷及角膜，那就還有可能進行移植。所以，這也是我們為死者闔上雙眼的重要理由之一。我聽說傳統上會用硬幣蓋住死者的眼睛，好讓他們不再留戀人世，並且有錢可以付給冥河的船伕，原來這個習俗也是很有實際效用的。

* * *

我努力把個人遭遇的困境排除在工作場合外，繼續在聖馬汀醫院的停屍間奔波，像隻無頭雞。保持忙碌似乎是唯一讓我維持神智正常的方法。

曾經有個著名案例，是一隻活了足足一年多的無頭雞。一九四五年，在美國的科羅拉多州，農夫奧森被太太派去宰一隻晚餐要吃的雞，但是他沒有確實斬斷雞頭，部分的頸靜脈和大部分的腦幹都還完整。拜他所賜，這隻被取名叫「麥克」的雞還能

②譯注：eye patch，亦指獨眼眼罩。

夠笨拙地走路、在棲架上平衡站立，甚至試圖啼叫，發出來的聲音卻是恐怖的咯咯聲。奧森決定拿小顆的玉米粒餵食麥克，也用滴管餵牠牛奶和水的混合液，好延續牠的生命。他在麥克「存活」的十八個月中將牠帶到嘉年華上展示，賺了一大筆錢，但是這隻動物不幸地（或是幸運地，取決於你如何看待這種可怕的生存方式）在某天晚上被一顆玉米粒噎死了。

我常常被人問到有沒有解剖過慘遭斬首的屍體，以及這個動作能不能夠反向進行。當然，人類沒了頭就無法生存，但是人們一直好奇，被切下來的頭是否還會有知覺——即使為時短暫。

在一七九二年的巴黎，惡名昭彰的「斷頭臺」（guillotine）以動物和屍體測試了幾個星期以後，第一次用於人類的死刑。斷頭臺得名於吉約丹（Joseph Ignace Guillotin）醫生，但他並不是這項裝置的實際發明者，當時早已出現許多種斬首工具，例如義大利的砍刀、蘇格蘭的「處女斷頭臺」，以及哈利法克斯「刑架」。但吉約丹之所以支持使用斷頭臺，是因為他認為斬首是一種造成迅速死亡的人道方式。因此，斬首成了較受偏好的死刑執行方法。大革命前的法國使用的絞刑，相對而言就有許多問題。絞刑有許多種不同方式，但「長距墜落」（或稱「測距墜落」）因為被認為最符合人道，而成為英國使用的標準方式。

與早期的方式不同，長距墜落會考慮到受刑人的身高與體重，也就是說，繩索是恰好的長度，以確保絞刑執行得精確且快速，但不會導致死者身首異處。諷刺的是，這種情形在法國經常發生。因此，斷頭臺被視為一種較為仁慈的刑具，因為它能帶來立即的死亡，而不造成窒息的風險。

然而，在斷頭臺初登場後的三年，《巴黎通報》（*Paris Moniteur*）上刊出了一封由知名德國解剖學家索馬凌（Samuel Thomas von Sömmerring）所寫的投書，其中寫道：

> 你們知不知道，人頭被斷頭臺斬下時，感官、人格和自我是否立刻消失，還是未能證實的？你們知不知道，感情與知覺所屬的位置是在腦部，即使連接腦部的血液循環中斷，這個意識所在的位置還是能夠繼續運作……？是故，只要腦部保有基本的生命力，受刑人就能意識到自己的存在……。曾有可信的證人向我保證，他們看過與脖子分離的頭顱上，牙齒還在磨動。

關於這個駭人現象的故事如野火般廣泛流傳，使醫學界陷入恐慌。夏綠蒂・科黛（Charlotte Corday）趁革命英雄尚──保羅・馬拉（Jean-Paul Marat）泡澡時謀殺了他，她被斷頭臺斬首後，劊子手將她的頭顱舉在空中，掌摑她的臉頰。目擊者聲稱「她的雙頰發紅，臉上露出憤怒的神色」。（如果我剛被處決，又有人補我一巴掌，我想我的反應也會是那樣。）根據另一則傳說，兩個國民議會上的政敵被處決之後，頭顱被放在同一個麻布袋裡，其中一顆頭狠狠咬住另外一顆，導致兩人的頭無法分開。

雖然在斬首之後，腦部確實可以由腦內的血液維持供氧長達十二秒，但是否能維持有意識的思考功能，就不是那麼確定的事了。為了徹底解答這個疑問，有許多動物和罪犯被拿來進行殘忍的實驗，但沒有任何真實證據顯示被斬下的頭顱還能夠狂咬別人的頭。科學家目前認定，腦內血壓的急遽降低，會導致死者在幾秒鐘內就失去意識。希望幾秒鐘的時間就已經夠快了……

我發現一件有趣的事：杜莎夫人蠟像館這個看似無害的觀光勝地，就是從這類斬首極刑開始的。一七九〇年代大眾媒體尚未風行，所以大多數人並不知道貴族人士的長相，不像如今名人的形象隨處可見。頗富才華的瑪莉・杜莎靠著藝術技能逃過被送上斷頭臺的命運以後，被雇去蒐集那些被斬下的頭顱，為它們製作石膏模，日後再製成蠟像。她終於逃離法國後，帶著那些作品巡迴展覽，最後在著名的貝克街現址落腳。

＊＊＊

除了石膏模和蠟像，人頭本身在歷史上也曾被當作商品。例如「嘎巴拉碗」（kapala），這是一種由經過裝飾的人類顱骨製成的儀式用骷髏碗，常見於西藏；以及大部分會出現在亞馬遜部族中的乾製首級。

一八〇〇年代初，歐洲勢力入侵的時代，紐西蘭則出現了一種特別具爭議性的人頭交易。當時有些毛利人臉上有特稱為「moko」的紋面。獨特的圖紋讓部族成員能夠互相辨識，尤其是在他們的頭被砍下以後，這些人頭的保存是毛利人喪葬文化中重要的一環。腦部和眼睛先摘除、所有的洞孔也密封之後，頭顱會經過水煮或水蒸，然後在火上燻烤，再置於戶外曬乾。成品就是一顆完美保留了「moko」圖紋的木乃伊化頭顱。

這些紋面人頭在重要場合來臨時才會拿出來，而歐洲侵略者開始以毛瑟槍交換它們。不久後，紋面人頭就因為精細美麗的外觀，而成為西方旅人之間炙手可熱的商品。結果，真正的人頭供不應求，當地人必須額外「製造」紋面人頭。不幸地，對許多奴隸來說，這是他們唯一能接受紋面的機會。他們的臉先刺上圖紋，待傷口痊癒，就立刻被斬首，頭顱依上述步驟處理後被謊稱為酋長的首級，賣給不疑有他的收藏家。

曼寧（Frederick Maning）的著作《舊時紐西蘭》（*Old New Zealand*）中記錄了一則有趣的對話。他以為自己闖入了一群毛利人圍成的圈子裡，而那些人對他點頭表示歡迎，其實歡迎他的是那些被穿刺在長棍頂端、搖曳於微風中的紋面人頭。他恍然驚覺時，聽見背後傳來一個聲音：

「先生在看那些人頭嗎？」

「是的。」我用只比平常快一點點的速度轉過身。

「人頭愈來愈稀有了。」

「我想也是。」

「我們好久都找不到一顆人頭。」

「天啊！」

「這其中一顆頭受了嚴重的傷。」

「我以為所有的人頭都是受過傷的。」

「喔不，只有那一顆，」他說，「頭骨裂開了，換不到東西。」

「喔，是謀殺！我懂了。」

「人頭非常稀有。」他說，搖晃著自己的「人頭」。

「啊。」

「前陣子他們得幫一個奴隸刺青，那壞蛋居然就帶著刺青跑了！」他又說。

「什麼？」

「還沒到可以殺他的時候，他就跑了。」

「他帶著自己的頭偷溜了？」

「就是這樣，」

「是重罪！」

我挺機靈地走開了。「這國家對人頭的觀念真奇怪。」我對自己說。

雖然這是一段喜劇性對話，但這些一度深受尊崇的物品被拿來交易，而且斷送眾多無辜人命所引起的公眾醜聞，正如現代的奧德黑醜聞引發的公憤。一八三一年的一項法案禁止了這項令人反感的交易。今日英國的博物館也盡可能將這些遺骸送還到它們的原鄉。

＊　＊　＊

王爾德的劇作《莎樂美》（*Salome*）是根據《聖經》〈馬可福音〉中的短篇故事改編，劇中驕傲又熱情的莎樂美公主下令把先知施洗者約翰的頭裝在銀盤上。她要他人頭落地，只因為他不願意吻她。他是個聖潔之人，在他眼中，她對他的慾望是污穢而不聖潔的，他不願受她玷污。她以斬首作為復仇，將他被砍下的頭顱舉到自己面前，呼告道，「啊，約翰，你生前不願我吻你的嘴。但我現在便要吻你了，」接下來許多行抒情詩句都是充滿性意味的嘲弄。

我知道這個故事是虛構的，因為在那個年輕公主還不流行鍛鍊三頭肌和二頭肌的時代裡，莎樂美不可能有足夠的上肢力量把人類頭顱舉在面前那麼久，對它發表冗長的談話。

而我知道這點，是因為我曾把斷頭捧在手中。

許多年前，我還在市立停屍間的時候，我跟傑森在地方醫院待了一段時間，接受刑事驗屍的訓練。訓練在那裡舉行，是因為那邊的停屍間比我們的大多了，而且有專門應付這種特殊案件的設備，例如讓警察旁觀驗屍時可以不用「弄得髒兮兮」的參觀走廊，還有蒐證用的監視錄影機。

我們大約下午兩點抵達，我看到那裡有那麼多人時非常驚訝，包括病理學家、資深調查官，以及幾名警察同僚在瀏覽犯罪現場監視錄影和照片，攝影師和助手在架設設備，所有處理證物的警員和記錄員都在為這場艱鉅的檢驗做準備。屍袋打開的這個動作必須錄影，且要有證人在場，以確立物證處理程序。

我更訝異的是，這個死者沒有頭。猜不到吧：稍後發現他其實是有頭的，但是頭已經跟身體分離，被擺在雙腿間，以免在屍袋裡滾來滾去。這似乎完全合乎邏輯，但遇到有人從自己的生殖器下方看著我，還是一項詭異的經驗。我有一股強烈的衝動想把頭拿起來放到解剖學上的正確位置，但我什麼東西都不能碰——必須等到每個人都準備好開始驗屍程序。

在刑事驗屍案件中，完成外觀檢驗以後，也會由同一位病理學家執行器官剜出。死者身上或體內的每一項物件都必須由具有鑑識病理學資格的醫生檢查確認，日後這位醫生可能需要在法庭上作證。這不是 APT 受訓負責處理的工作。不過，我們仍然負責解剖頭部、移除腦組織，但我猜想在這個案件中並不需要。這名男子已經遭到謀殺——有人用非常鋒利的刀具將他的頭砍下來——現在就交給警方查出是誰幹的了。等他們找到凶手，病理學家就會被傳喚出庭，在陪審團面前報告他的發現。

希望可以就此結案了。

當詹姆森醫師說，「好了，大夥兒，你們可以開開那個腦袋了。」你可以想像得到我多麼驚訝。

我看著傑森，雙眼驚恐地大張，心想，「我們天殺的要怎麼在這裡動手？」傑森像是會讀我的心一般，冷靜地說，「好，妳拿鋸子，我來扶著他。」

我朝傑森靠近，悄聲告訴他，在那麼多人面前揮舞那把笨重的骨鋸令我不太自在。我當時還只是個訓練生，而且我比較習慣屍體的頭跟別的部位連接著。

「好吧，那妳扶著他，我來鋸，」他說，「但妳一定要扶穩。」

於是，我發現自己隔著驗屍臺站在傑森對面，雙手舉起一顆被砍下來的沉重頭顱，將它調整到正確的位置，在不鏽鋼臺面上擺穩。我必須小心不讓自己的手指伸過死者的耳朵，否則就會被傑森的手術刀割到。所以，很怪異地，我得要用捧著愛人臉龐的方式抓住這顆頭，手掌托著他的臉頰。然後往前靠，將手肘倚在鋼製臺面上以平衡身體，並加強抓握的力道。我直直望進這顆頭的眼睛，彷彿下一刻就要像莎樂美一樣親吻他了，而一旁大約有十二雙眼睛盯著我執行這項古怪又親密的任務。還有更慘的，我的屁股翹在空中。如果那個情境不是如此驚悚，一定會很像喜劇橋段。

傑森說的對。他劃下切口、翻開頭皮時，我還能夠穩穩扶著人頭，但是他一開始用鋸子，我的力氣就不足以與工具匹敵。那臺機器的力量不斷讓我搖晃那顆頭，使傑森無法鋸出直線。所以我們得換手，由我鋸開顱骨，而他則用健身狂的強壯雙手和前臂握住那名男子的頭顱。終於，我們取下了頭蓋骨，腦部也放上了磅秤，我涔涔冒汗、滿臉通紅，感覺好像剛通過了某種測驗。重建工作可會很好玩了……。

還有一項奇怪的工作，是移除喉部和舌頭，或是我們所稱的咽喉。做法有兩三種。當我在一個被橡膠頭靠墊高的死者身上做出一般的Y字形切口之後，會在整個頸部切出一片三角形的皮膚，「端點」靠近鎖骨的中間。你可以自己感覺看看，就在你鎖骨的凹陷處——這叫「胸骨上切迹」。我會用手指或鑷子拉起這塊三角形皮膚的尖端，將它往上拉向臉部，同時割開連接著頸部胸鎖乳突肌的結締組織，這跟連接頭皮與頭骨的組織是同一種。只需要鋒利的手術刀像羽毛般輕柔的碰觸，就能幫助我前進。我會持續這個動作直到死者的下顎骨出現，像一塊大型的白色許願骨，且頸部肌肉也完全暴露出來。

然後，我會拿PM40手術刀滑過下顎骨底下（切進嘴裡——我能看見閃亮的刀鋒在牙齒後方一掠而過），從一端切到另一端，讓我能將舌頭拉到下顎之下。接著我割開口腔後方，將整個喉部構造從骨骼上拉開——舌頭、喉頭、氣管、SCM，一路往下，最後讓原本蓋在組織下的脊椎露出。

然而，直線切口（或稱I字型切口）到了胸骨上切迹就必須打住，讓手續變得複雜不少。我必須在看不見的狀況下完成所有步驟。由於我不能切開頸部的皮膚，我得把PM40手術刀伸到皮膚底下，用刀鋒找到下顎骨，沿著它切割，根本看不到自己在割什麼，只能利用骨頭當作引導。同時，我必須確保沒有弄破頸部的皮膚，不然使用直線切口的意義就沒了。（不過，我先前提過的那種萬用膠，在需要黏合我們稱作「扣眼」的破洞時，真是救命神物。它可以讓切口完全隱形，或是看起來像一道自然的皺紋。）

但是，現在這種狀況，我們該怎麼辦呢？這個可憐的男人，舌頭跟半個喉頭在頭部，但剩下的部分在身體裡。

我對傑森說，「你負責身體，」因為身體已經完全剖開了。否則他就得在這麼多雙眼睛的灼灼注視下，拼命把半個喉頭從那顆被砍下來的頭裡面摘除出來。

我們在停屍間例行地移除喉部和舌頭有許多原因——沒有什麼事是只為了好玩而做的。首先，我們檢查嘴巴，確定其中沒有食物或可能造成窒息的異物。但是表面地檢查口腔是不夠的。移除喉頭可以讓病理學家解剖檢查食管或氣管中有沒有阻塞的食物塊。

舉例來說，旁觀者可能以為自己目擊了死者心搏停止，但我們卻在驗屍中發現死因是所謂的餐館冠狀動脈症。這種症狀是發生在酒醉者噎到食物、而自然的嗆咳反應卻被血液中的酒精所抑制時。（你這就了解為什麼食物跟死亡對我來說這麼密不可分——兩者之間的連結實在太多了！）舌頭上也可以檢查是否有咬痕之類的外力作用痕跡，如果死者咬住舌頭，可能是因為發生痙攣。如果死者是遭他人以外力造成窒息，喉部脆弱的軟骨和舌骨可能會受到損傷。

另外，經典的例子是，若要判斷火場中的死者是否在起火時仍然存活，就得在氣管裡尋找代表吸入煙霧的煤煙沉澱物。光是在一個大多數人都不知道驗屍時為何需要切除的小部位中，就有這麼多等待發現的奧祕。

＊＊＊

也許，在停屍間工作最重要的事情之一，就是「保護好你的頭」③，面對最奇形怪狀、恐怖噁心的死亡場面，也要心無旁騖。在書上讀到某些案例已經讓人感覺夠糟了，想想看，死者的家屬，以及那些因為在往生事業工作而目睹一切的人，又會是什麼感受。

在我的職業生涯進入後半段以前，我都覺得我維持著很妥善的平衡，在兩個深淵

③譯注：Keep your head，意即保持冷靜。

之間如履薄冰：一邊是因為感受太豐富而導致精神崩潰，一邊是因為漠不關心而變得疏離無感。但近來，我生活中的事件讓我重新省思我的工作。我不再覺得自己維持的平衡能夠對抗迎面而來的壓力。事實上，我開始保護不住自己的頭了。

09 零碎遺骸——拼拼

拼拼這個，拼拼那個，全都放一起，會變成什麼？——〈拼拼〉（兒童電視節目主題曲）

非洲南部有一種傳統醫藥，有時會讓人作嘔地別過頭。那是巫術的一種，包含了某些暴力的面向，以及「穆提」（Muti）這種傳統的醫術魔法，據說法力非常強大，因為施法過程中需要用到死者的身體部位。已開發國家的主流社會對「穆提」的唯一認識，來自這類儀式性的「醫藥謀殺」登上新聞頭條的時刻。

舉例來說，二〇〇一年的「泰晤士河驚現人類軀幹」慘案中，一具矮小、無頭、四肢完全被切斷的軀幹在倫敦這條著名的河流裡被發現，腿部的殘肢上還穿著一件橘色短褲。調查人員發現這是一具兒童的屍體，因為不願意讓他沒名沒姓、面貌模糊，便為他取名為亞當（Adam）。

挖掘這具無法辨識的遺體背後的真相，需要眾多專業人士施展各種分析與調查的技術。亞當的骨骼精過精密分析，發現由營養攝取的礦物質殘留中，鍶、銅和鉛的含量比一般居住在英國的兒童高了二點五倍。藉由這項分析，鑑識地質學家逐漸將亞當的家鄉定位在西非，可能是奈及利亞。由邱園（Kew Gardens）的植物學家展開的鑑識工作，則在亞當的小腸內發現稀有的植物成分，該種植物只生長於貝南城，奈及利亞南部埃多州的首府。雖然花了許多年的時間，但亞當的身分最終被查明是派崔克·厄哈柏（Patrick Erhabor），而不再只是一塊軀幹。據稱他是個從奈及利亞被販運到英國的小男孩，專用來作為儀式中的獻祭品。

這個案例為令人反感的「穆提」習俗揭開了神祕的面紗，類似的事件還有二〇〇九年的南非十歲女童瑪瑟古·柯高莫綁架謀殺案，她遇害的原因是為了要將她的部分器官賣給祭師，也就是該種傳統醫術的執行者。這起案件引起大眾呼籲祭師停止此種儀式。

僅僅兩年前，我在上班前檢視晨間新聞時，看到一則消息，差點把咖啡噴了出來。新聞頭條尖叫似地寫著「生殖器於停屍間失竊！」讀了新聞，原來是南非的德班有兩位年長女性的屍體被割除了乳房與陰部，記者懷疑這起罪案與「穆提」有關。

根據另一則文章所述，「這類儀式通常需要割取死者身上的軟組織，例如眼瞼、嘴唇、男女陰部」，而這類儀式顯然仍在持續進行。

我剛開始在停屍間工作時，所面對的死亡場面（以及屍體）通常是完整的。在英國並不常遇到有零碎遺骸的案件，雖然在其他國家這種可能性也許較高。所以，我從來沒有想像過支離破碎的人體。直到有一天我打開聖馬汀醫院停屍間最深處的冰櫃門，發現一個鮮黃色的大型塑膠桶，大約有兩呎深、三呎寬。

「這個尖銳污物桶也太大了！」我對雪倫大喊，「這個放在冰櫃裡做什麼啊？」尖銳污物桶指的是鮮黃色的塑膠桶，專門用來棄置手術刀、PM40刀片，以及針筒用的針頭，甚至還有碎玻璃。它的功能基本上就跟桶身上的黑色大字寫的一樣。但是我發現，這個巨大的桶子上並沒有標明是「尖銳污物桶」，在此同時，雪倫走了過來。

她充滿喉音的笑聲在冰櫃間迴盪，然後她才用那令人安心的考克尼口音回答，「拉拉，妳怎麼啦？這才不是尖銳污物桶呢！」

「那麼這是啥？」

「這是斷肢桶。」

這種情境就是我喜歡在不同停屍間工作的原因。不管你以為自己懂了多少，總是有新東西得學。我發現，斷肢桶是暫時用來貯存手術中截除的身體部位——這代表它們通常出現在醫院裡。截肢手術可能比你想像的更常見，例如當一個人的手掌或手臂在意外中重傷到無法修復時，或是當糖尿病病人的末稍動脈疾患造成腳掌或小腿失血，最終導致潰瘍與細胞壞死。[1]雖然病人多半沒有因手術而死去，但殘肢委實不知該如何處置，所以就被放在成人擔架上、用白床單蓋著，送到停屍間來。然後，身負這項奇怪任務的運送員就會用華麗的動作揭開床單，彷彿是在某間高檔飯店裡為漢尼拔·萊克特送上客房服務。

「我可以看看裡面嗎？」我想像桶子的內容物會像是佛蘭肯斯坦博士放在塔樓實驗室裡的東西，腦中浮現一隻隻手臂與腿交疊、手掌和腳掌交纏，也許還有零散的手指或腳趾。我在腦海裡聽見《謀殺綠腳趾》（*The Big Lebowski*）裡的古德曼說，「你要腳趾？那我就給你腳趾。」

「當然可以。」雪倫移開了桶蓋。

我從頂端往下窺探，像是小孩看著玩具箱，結果讓我略感失望。當然那些斷肢不會像薩德侯爵小說裡噩夢般的場景一樣七零八落，它們全都包裝得妥善整齊，看起來倒比較像收發室裡的包裹。

我從雪倫那裡得知，桶子裝滿時，這些截斷的身體部位就會被送到醫院的最底層火化。當時我心想，「真是浪費。」我不知道我想像這些殘餘的斷肢能拿來做什麼，像佛蘭肯斯坦博士一樣用它們來創造怪物是絕對不行的——首先英國沒有足夠的雷擊和閃電，而且它們也不適合讓醫學生用來練習解剖，因為上面有太多造成變形的外傷。直到非常近期的二〇一六年，才有人提出一項應用這些殘肢的天才計畫。

在英國並沒有鑑識腐化學的研究中心，亦即口語所稱的「人體農場」（最早且最著名的一間是由鑑識人類學家巴斯（Bill Bass）博士在田納西州設立）。這類研究機構對於蒐集屍體各種腐化方式的資料至關重要，相關資料可以用來判定死亡時間，進而建立或是推翻犯罪者的不在場證明。目前，英國的法律並不允許這類機構設立，所以我們用豬隻作為替代。

但人畢竟不是豬。好吧，**有些**人是，但也不是在生理學上如此。田納西州的那所機構近期的研究中將豬屍與人體的腐化相比較，兩者速率並不相同——事實上差異極大。對於採信豬屍數據的全球各地法庭而言，這是個嚴重的壞消息。很簡單，我們不能繼續在鑑識腐化學（關於屍體埋葬、腐敗與保存的研究）上用豬隻作為人體的替代

①注：英國的糖尿病公益組織近期公布資料，指出糖尿病相關的截肢手術達到了每週一百三十五件的高峰。

品了。於是，傑出的鑑識人類學家威廉斯（Anna Williams）博士與尋屍犬專家艾瑞許（Lorna Irish）博士，提出了一個絕妙的點子：如果在「人體農場」放進手術中切除的人類肢體與組織，讓它們不用放在我們的斷肢桶裡焚化呢？這樣就可以利用它們來研究腐敗速率，尋屍犬和搜救犬也可以接受更逼真的訓練。

話說回來，我十分頻繁地接受臉部手術。我患有一種罕見但不致命的神經皮膚疾患，稱為「帕羅氏症候群」，因此我從大腿和顳肌移植了幾片筋膜（一種富含膠原蛋白、包覆著肌肉的結締組織）到臉上萎縮的部位。如果我手術中剩餘的組織被用於前述的研究目的，而非直接焚化，我一點都不會介意，而且還頗希望有這個選項。我固然是個在鑑識工作流程中奮鬥的科學家，但同時也是個病人。我也是人類，有骨有肉的人類，當然要以幫助其他人為優先。

關於這項提案的一篇報導中指出，「此項新提議允許志願者在手術後捐贈身體部位作為一種『折衷手段』，科學家相信如此對於鑑識科學的進展，將有不可限量的價值。」這讓我們離使用完整的捐贈者大體更近一步，也進一步打破將死者用於研究的禁忌。同一篇文章中刊載的調查顯示，百分之九十四的受訪者都認為這是個好主意，贊同「如果都要處理掉，拿來使用又有何不可？」只有百分之六的人認為這個主意噁心又恐怖。也許人類遺骸不等於死者本身的這個概念，去除了一點污名，特別是奧德黑器官擅取事件帶來的陰影，讓這個提議更易於入口？

「易於入口」這個詞用在討論截肢殘骸時真是不恰當。我在病理學博物館教授十七世紀以降「罐裝」人類組織標本的歷史時，討論到第一項被用在教學用途的保存液——酒精，也就是酒的主成份——並一路講到現代，帶領大家神遊到加拿大的育空地區。道森市有一間叫作「黃金城」的酒吧。在這間酒吧，任何願意接受「酸腳趾挑戰」的客人都會拿到裝有一截人類腳趾的酒精飲料。挑戰規則是：「可以快快喝，也可以慢慢磨，但嘴唇一定要碰到腳趾頭！」

故事的開始是一九二〇年代，身兼萊姆酒商和礦工的路易．萊肯因為凍傷而截肢了一截腳趾，他決定把它泡在酒精裡當作紀念品保存，人之常情嘛。許多年後，到了一九七三年，育空當地居民迪克．史帝芬森發現了那截腳趾，他想：「嘿，何不把它放進飲料裡、變成一個挑戰呢？」一樣——人之常情嘛。於是，酸腳趾雞尾酒就這樣誕生了，時至今日，能夠成功喝下腳趾酒的客人仍可以獲得一張證書，載明他們加入了「酸腳趾雞尾酒俱樂部」。不過，一九八〇年發生了一場災難，有一位挑戰者喝酒時椅子往後一倒，就把腳趾吞下去了。紀錄中寫著「一號腳趾再也無法復得！」

為了幫助酒吧，活人帶著捐贈的腳趾頭蜂擁而來。其中有一個是因糖尿病而截肢，一個是因為長了雞眼無法動手術切除，還有一個是匿名捐贈，裝在一罐酒精裡，附上一張寫著忠告的紙條，「除草的時候不要穿露趾涼鞋」。但是，截至目前為止，已經有第九個腳趾被人吞掉了——顯然是故意為之，因為吞腳趾者被罰了五百塊罰金。這項罰金從此之後提高到兩千五百元，以確保第十個腳趾不會跟眾多先烈一樣消失。

* * *

總之，我的重點是，與其將活體病人的身體部位焚化——或是用來設計飲酒遊戲，我們還是把它們用在良善的鑑識研究用途上吧。

有時候，死者支離破碎地來到停屍間，是由於車禍或自殺之類的可怕事件。最常見的原因是**RTI**（道路交通事故）和鐵路事故，或是「跳軌」。

我特別記得的一樁自殺案，是一個跳向地鐵進站列車的男子。在倫敦，這種事件被委婉地稱為「火車下有人」。事件發生時，月臺上的乘客會聽到來自擴音器的通知：「由於火車下有人，列車嚴重延誤。」彷彿他們只是躲在車底一下，或是在那兒野餐。倫敦交通局對死亡的禁忌還是如此根深柢固，以致於他們不願意直接說「由於一起死亡事件」。

驗屍時，我們一打開屍袋，面對的就是自殺者屍骨破碎的極致狀況：顱骨的左上半部全毀，兩隻手都只靠幾條肌腱和皮膚垂掛在手腕上，身體從中央一分為二，後背扭轉到正面，於是，我的眼神從他撞爛的頭顱，移到他血肉模糊的軀幹，然後就直接看到他的屁股。他的生殖器在背後某處，壓在他身體底下（為了他好，我是如此希望的）。而且，他的其中一隻腳從腳踝處徹底被切斷，一邊小腿則從膝蓋處斷落，兩隻斷肢都在屍袋裡置於正確的解剖學位置。我是這樣想啦，否則實在也很難判斷位置正確與否，因為他的雙腿擺反了。最驚悚的是，我們可以透過他血肉模糊的胸腔和腹腔看到他大部分的器官都不見了。不過，屍袋裡有幾個塑膠證物袋，裝著我們可以勉強辨認的器官，還有其他由英國交通警察和復原小組在附近撿來的血肉碎片。

全都一團亂。但我們還是要進行驗屍。

首先，我們必須確認哪些器官不見了。有些器官，例如兩顆腎臟，還在體腔內完好如初。由於腎臟位於身體背後（後腹腔），周邊包圍的脂肪層較厚，它們比其他器官受到更多保護。在這個案例中，它們黏附在他背部，像是兩個帽貝。另一方面，他的脾臟消失了。脾臟十分脆弱，常常是第一個受傷、或是完全碎裂的器官——很多人都聽過「脾臟破裂」一詞。我猜想他的脾臟在地鐵軌道上被壓碎了，留下一道哀傷陰沉的紅色血痕。

我嘆著氣，在小袋子裡翻找到一些他腦部的殘骸、心臟，和一些無法辨識的組織碎片。

「教授，我想你得檢查一下這些袋子。」這看起來像一組不可能完成的拼圖，令我深感挫敗。我脫下手套，好擦拭眉毛。「如果要分辨這些碎片原本是什麼東西的話，你的眼力比我好。」事實上，也許我自己可以做得到，但那樣會喚回一些不堪的回憶。

破碎的人體。這對我來說並不是新鮮事。

在七七爆炸案後成立的臨時停屍間裡，令人難過的是，我們處理的大多數是破碎的人類遺骸，特別是在工作接近尾聲時。一個個小塑膠袋，裡面裝著四個引爆地點蒐集到、無法辨識的物質。在這些復原小組猜測是被害者遺骸的東西中，也混雜著地道中死亡的野生動物骨骸（大鼠、鴿子、小鼠）、肯德基炸雞餐廚餘裡的雞骨和雞肉，還有其他根本不屬於動物、而是植物性或礦物性的物質。甚且，爆炸案的嫌犯也炸死了自己，所以有非常高的可能性，他們的遺骸和他們的受害者混在一起。

真是恐怖至極的死法：不只被炸得粉身碎骨，還混雜在日常的污物、甚至是殺死你的凶手的身體碎片之中。

多麼駭人的罪行。

我們在人力和物力方面都盡其所能。我們在一個個袋子裡翻找，辨識出屬於人類的組織和骨骼，如果無法確定，就轉交給人類學家和其他專家。我們將每個物件都分開標示，送交 DNA 檢驗，檢驗結果會拿來與爆炸事件死者或失蹤者的家屬比對。

這種細節不管是聽起來或討論起來都令人難受。我當然可以說得更詳細，但由於我在本書中稍早提過的理由，我不會這麼做。儘管如此，人們還是應該認同這些專業人士為了尋找遺骸來源所做的努力，他們盡可能確保了不會有人跟不屬於自己的遺骸葬在一起。至關重要的是，人們必須認清，這類犯罪，特別是恐怖攻擊，一部分是訴諸人對於死無全屍的古老恐懼，或說是恐懼身後沒有骨骸可歸葬、親人無法憑弔。

現在，我在伸展雙手、深呼吸一下之後，戴上了一雙新的手套，注意力回到地鐵男身上。根據病理學家的說法，死因十分明確，是「大範圍且嚴重的鈍器創傷」，致死方式是自殺。在英國，致死方式通常在這個階段會由諸如驗屍官的執法人員進行判定。

令我感激的是，聖克萊教授告訴我，我們不需要「剖開」這顆頭，因為我們已經可以看進頭顱裡面，而且他的腦部也已被「移除」了。這對我事後重建遺體的工作有所助益。教授沒花多少時間就填完表格，脫下防護衣，帶著表格回樓上辦公室寫報告。被留下來的我不只跟地鐵男獨處，也伴著沾滿血液與組織碎片的解剖臺、切割板、水槽、牆壁和各種設備。

我的第一要務是不讓血跡在各物體的表面乾燥固著，所以我首先把每一片肉屑都撿起來，跟病人的其他器官一起放進不鏽鋼碗。我甚至用鑷子把我所發現最小片的遺骸也夾起來。這些都會留待遺體重建時處理。在驗屍房，我們會用連接在解剖臺上的水管來清理環境。水管通常附有噴水槍和多段式手把，可以控制水流大小。我拿起水管，開始沖洗所有臺面，以一貫的黑色幽默態度想著，這真是隱喻了我當下的人生：我被留下來單獨清理別人造成的混亂。

我知道，某些程度上，我也必須對這場由我的戀愛關係造成的混亂，以及它對我的影響負責。我腦中旋繞著許多念頭，想著這或許也是我的錯，想著我早該更有警覺，想著我究竟為什麼會是最後一個搞清楚情況的人。這些念頭毀了我一天天的生活——但更糟的是，我任憑它們如此。

我決定，與其麻痺自己的感覺、拖長「悲傷」（或我當時感受到的任何情緒）的進程，我應該乾脆停藥，立刻戒斷，靠自己的力量撐過去。我不斷想起邱吉爾的名言：「如果你在穿越地獄的路上了，那麼就繼續走。」我認為事態不可能更糟了，所以就這樣吧。「再會了，百憂解。我該往前走了。」

＊＊＊

有一天早上，我打開冰櫃門，檢查一份嬰兒葬禮文件上某個我認為出了錯的地方。我要幫一個兩歲半的孩子辦葬禮。但這不對：一定是指兩個半月吧？我拉開小型白色屍袋時，震驚地看見了一具最美好可愛的男嬰遺體。他的金髮在大理石般的額頭上呈捲曲狀，像波提切利畫中的天使。而他閉起的眼睛上，睫毛長得掃到他膨潤的臉頰，像細小而陰暗的親吻。我也好想親親他的臉頰。我不禁悲從中來，這個天使般的孩子不知道為了什麼緣故在死後被人拋棄了，留給我——一個陌生人——當作廢棄物處理。我發出一聲嗚咽，在寒冷的冰櫃間裡迴響，在一扇扇白色櫃門之間反射，等它傳到我耳中時，我已經認不出那個聲音了。

「我不能哭，」我心想，「我有工作要做。」但在我聽見腦中這些字句的同時，我已經把那個冰冷、死亡的幼兒捧出冰櫃，我的眼淚掉了下來，在他淡藍色的連身衣上暈開成深藍的圓點。

我想我的哭泣有上百個理由。在一個溫暖的擁抱中，我把他僵硬的屍體貼近我。我在想，他的雙親或其他家人身在何方，為什麼沒有親自辦理他的葬禮。我的哭泣是因為，我曾看見新來的嬰兒病理學家，像在熟食店櫃臺一樣把一個「魚寶寶」隨手丟到磅秤上。我也為了過去幾年來所處理的每一個嬰兒驗屍案件而哭，更是為了那個我無法保護的寶寶——我自己的孩子。

進行處理死者的工作時，你不能每碰到一個案件就掉眼淚，否則你根本做不了事。這是一種防衛機制，它會完美地運作，直到某個東西突然斷裂了，告訴你，「好了，是時候了，現在好好哭一場吧，然後再回來工作。」

這正是那種時刻，我就這麼崩潰了。

我為了每個我處理過的病人而哭，也為了他們的家人與朋友而哭。我想我也為自己而哭：為了那些每天早上提前一個小時到班的日子，趕在傳真機和電話響起、其他人出現、混亂狀況再度開始以前搞定行政文件。我的哭泣是因為我在一個還沒好好認識的城市裡，寂寞度過了那麼多個週末。我的哭泣是因為那些跟我共事的女孩對我的不支持——我跟她們朝夕相處，把她們當成朋友，她們卻對一個帶給我痛苦、甚至危害了我健康狀況的男人繼續友善相待。我的哭泣是因為我停了藥，長久以來第一次感受到自己情緒的強度。我的哭泣是因為——誰知道呢？反正我就是需要哭吧。

我哭了又哭，直到眼淚流乾，然後用白袍袖子擦了擦臉，把那個天使般的寶寶和他懷裡的泰迪熊一起放回冰櫃。我把他的臉蓋好，拉上屍袋拉鍊，好讓他完美無瑕的臉頰不會被冰櫃凍傷。我能做的不多，在這個充滿悲傷的世界裡，我能做的只是這樣小小的表示。然後，一如我平常的做法——一如我們所有人的做法——我繼續前進。

＊　＊　＊

當時我還不知道情況已經漸漸好轉，不知道我職業生涯的接下來幾年會待在病理學博物館，被零碎的人類遺骸所包圍，內心卻全然感到完整。這甚至不是我「職涯計畫」的一部分。但是某個事物或某個人為我做了這個計畫，讓我接觸更多關於死亡的思索與研究。

從那些經過一百到兩百年保存的人體部位中，可以學到非常多東西，因為它們當初被摘除的理由大大不同於我在驗屍時或是協助組織學分析時處理的案件。巴特博物館的館藏使用的保存或「裝罐」方式很古老，而且有相當多的變化，代表我可以更專注於人體解剖與展示的歷史，而非教科書或人體組織管理局所提供的最新醫療準則。

我也還不知道，我最後會兼任我們校區解剖室裡的解剖示範員。示範解剖和實地解剖（指切開某樣東西以研究其內部組成）並不相同，醫學生在求學過程中時常藉此了解他們前所未見的事物。示範解剖也是針對遺體，或是遺體局部的解剖，不過是由經驗豐富的解剖學家進行操作，以對學生展示特定的解剖學結構。大部分的解剖室都有一系列的示範解剖設備，讓學生在實地解剖大體時可以觀察參考，就像是一種人體部位的3D地圖。

示範解剖可以是針對心肺呼吸系統、頭部、頸部，或某處肢體。這種不可思議的真人「雕像」利用經過防腐的大體展示一層層的肌肉、肌腱、筋膜、血管等，若是在甲醛之類的保存液中以正確方式儲存，這些標本可以讓未來許多年的學生受惠。一個人不需要「完好無缺」，也能協助訓練未來的醫生與外科醫生，即使是殘骸碎片也都一樣有用。

更有趣的是，我這麼多年來都在經過全套防腐處理的遺體上進行驗屍，他們的皮肉都變得像煮了太久的鮪魚一樣又灰又硬，如今我在捐作教學用途的大體身上，才終於看到新式的「彈性」防腐技術。其中一個例子是泰爾防腐術，得名於其發明者，奧地利解剖學家華特．泰爾（Walter Thiel）。

他某天去肉舖時，得到了猶如阿基米德大喊「我發現了！」般的靈光一閃。他注意到以濕醃法加工的火腿，相對於格拉茲學院裡的皮肉標本，讓肉質有更高的還原度。若干年後，他將技術更加精進，使用無色且近乎無味的鹽類溶液、抗菌硼酸、甘醇、除凍劑，以及非常低比例的甲醛，創造出逼真、柔軟得不可思議的遺體效果。這類新式技術讓解剖對醫學生而言成為更具真實性的經驗，也讓我感覺像是回到停屍間老家一般。

我第一次進到巴特醫學院的解剖室是在某年暑假，大部分的學生都返家了。有些住在城裡的學生暑假期間留下來擔任有薪的示範解剖員，而才藝精湛的解剖學老師卡蘿邀請我加入他們的行列。由於我有驗屍方面的背景，她希望我幫忙為新學期做一些解剖示範，我當然答應了，因為我想累積各式各樣處理人類遺骸的經驗，以盡可能地增廣學識。當我見到那具只有頭和軀幹的大體，便開始解剖頸部肌肉，打算使胸鎖乳突肌露出——那是APT切割Y字型切口時切穿的肌肉。

「不要直接切SCM，」卡蘿突然說道。我的手術刀停在半空中，「試試看先讓頸闊肌露出來。」

「頸闊肌是什麼東西啊？」我困惑不已地問。我處理人類遺骸已有超過十年的經驗，從來沒有聽過這個名詞。

卡蘿十分善解人意。「那是一片蓋在SCM上、薄到不行的肌肉，」她解釋道，「妳在驗屍時不會注意到。它動作的時候會牽動下唇和嘴角，形成悲傷、驚訝或是恐懼的表情。」她指著自己的下巴，「它也會造成頸部皮膚表面的皺紋，並且擠壓下顎。」

「所以它會讓我們看起來像《加冕街》（*Coronation Street*）裡的迪翠・巴羅囉？」我問。

「哈哈，沒錯！」

卡蘿著手進行程序，讓我看到那片我剛認識的人體拼圖，然後請我拿著手術刀繼續。頸闊肌僅僅不到兩毫米厚，稍偏橘色，跟旁邊的黃色頸部脂肪組織並不容易分辨。但我做到了：我讓整片頸闊肌暴露了出來，然後聽到耳邊傳來一聲悄悄話。卡蘿說，「我知道妳在這方面很拿手。」

我燦然微笑。這真是一種奇怪的工作成就感，但我的成品可是能教學生學會頸闊肌的位置和用途呢。如此一來，知識就能繼續傳遞。

我在示範解剖的過程中獲得不少樂趣。工作氣氛良好、充滿尊重，而且令人寬心，因為這些都是大部分死於自然因素的亡者，慷慨捐獻出他們的大體。就連其他示範解剖員的閒話笑鬧，都讓我學到身為APT時聞所未聞的事物。其中一位示範解剖員蓋文到我的臺子旁，指著大體被我移除胸骨後露出的肺臟。

「妳看，這兒有個舌葉（lingula）。」

我再一次被新的解剖學名詞弄得疑惑無比。

他注意到我的表情，便繼續說，「那是一種形似舌頭的微小結構，有時候會從左肺上葉的下半部凸出來。」他用戴手套的手指輕輕撥了一下，「看到了嗎？看起來就像小狗的舌頭。」

「喔對，」靠近觀察之後，我也發現了。「我想『舌葉』這個字是從拉丁文的 lingua 來的吧，就跟語言（language）一樣，」我想了一會，然後說，「但我以為它的意思是『嘴唇』。」

他放聲大笑，「不是，妳說的那個是陰唇！」

「是誰在講陰唇？」剛好走過來的卡蘿喊道。

我笑了起來，「是他！他開始的！」我指著蓋文，但我們都已經笑得前仰後合。

嘴唇／語言。

陰唇／舌葉。

番茄／西紅柿。②

②譯注：原文 Tomayto/tomahto，在口語中意指兩種事物之間的差異極小，其實差不多。

了不起的拉丁文啊。這讓我回想起在大學跟實驗室夥伴寶拉一起讀生物學的時候，讀到一項要我們互相用沾棒刮取小舌（uvula）樣本的指示。「好，寶拉，躺在地上，把褲子脫下來，」我說，假裝把小舌誤讀成陰部（vulva）。她看到我拿著沾棒走向她時真是驚慌不已，後來發現我是在開玩笑，才放鬆多了。小舌是喉嚨後方垂下的一小塊肉，常被誤認為扁桃腺，也是個可以採集充足細菌作為研究樣本、但沒有那麼限制級的部位。寶拉當時的表情真是好玩極了。

＊＊＊

即使是移除極小的身體部位，也有可能顯著改變死者的狀態，這是我不再擔任全職 **APT** 以後才學到的事。

我又一次有幸參與一部關於驗屍程序的教學性紀錄片的拍攝。在好幾天的拍攝時間裡，我跟一位著名的病理學家一起在大體上進行器官摘除，同時有三臺攝影機對著我。在早先的製片會議中，我們發現在預定攝製及播映紀錄片的這段時間，很難在英國這麼小的地方找到理想的大體。由於我們取景的機構與一間美國公司簽有供應合約，他們會購買提供外科醫生作為訓練的肢體，拍攝團隊似乎就該好好利用那間公司。但是有個問題：為了這種目的而運送整具遺體是不合法的。唯一能讓此事圓滿達成的方法，是切除一處末梢肢體——例如一隻手或是一隻腳。如此一來，死者就會被歸類為「人體部位」，但從正確的角度看，當然就會是徹底完整的。真的只是技術問題。

不過，我在拍攝開始前一週的某天早上，接到製片驚恐地打電話來。「卡拉，」她說，「他們把大體送來了，可是他們把她的兩隻手臂都切掉了。看起來真是不妙，像隻火雞一樣！」

「他們為什麼要這樣做？」我問。話還沒問完她就打斷我，「不過他們也寄了其中一隻手臂來。我不知道他們為什麼要把兩隻手臂都切掉，然後把其中一隻單獨寄來。妳能做點什麼嗎？」

「妳是在問我，能不能把她的手臂縫回去嗎？」我說，「當然沒問題。」

「可以嗎？天啊，妳真是我的救命恩人！我本來不想問的。我覺得這樣問會很奇怪。」

「這其實不是我被問過最奇怪的問題，」我向她保證——的確不是。過去我頻繁地接到這種詢問：「我要怎麼把我死掉的小貓罐裝保存？」以及「如果我太太死了，我有可能把她製成標本嗎？」**如果**她死了？我對那個問題的回答是，「嗯，總好過在她活著的時候這樣做。」

於是，兩三天後，我發現自己置身在一間高科技的手術驗屍室，準備為這具不幸的女性大體重新接合手臂。在我看來，當初手臂切除的狀況實在是太慘了。

「妳確定做得到嗎？」製片問道，「邊緣都是鋸齒狀。他們到底是用什麼切的啊？」她十分激動。

「別擔心，」我冷靜地說，回想起所有我重建過的零碎遺骸案件，特別是鐵路男，「這不是我第一次上場。」

手臂縫回去以後，樣子當然還是慘不忍睹，但我用肉色繃帶纏在接合處。你得要瞇著眼睛或是退後一步看，才能依稀看出那不是她原本的皮膚。空氣中充滿了放鬆的感覺。危機解除。

＊　＊　＊

維多利亞人擁有高度發展的「哀悼崇拜」文化，其中十分著名的是他們把人類遺骸的碎屑用於珠寶製作——主要是頭髮，但有時甚至用上牙齒和骨頭。他們也會用相同的身體部位來表達對於活人的愛意，不論是對子女或是伴侶。如此行為在第一次世界大戰後逐漸少見，但仍然延續到了現代。

魯卡斯．昂格在二〇一五年向女友卡莉．萊夫克絲求婚時，拿的戒指是用他的智齒做的。此前，二〇一一年，住在根西島的梅麗塔與邁克．裴瑞特結為連理，求婚戒指上鑲了鑽石，以及一塊從男方截肢的腿上取出的骨頭。所以，維多利亞時期的傳統確實延續下來了。我認為很感人的一點是，有些古董物件常被誤以為是死者的紀念物，但其實是表達愛意的信物。

墜入愛河，我們就**不會**死：理論上，我們會藉著我們將要生育的子女活下去。不過，如果沒有死亡的迫切陰影，愛情也許就不會是我們的優先選擇或本能。

我絕對不會生育，我流產之後立刻就意識到這一點。一切都不適合，而且我感覺自己殘破不堪。我是個破洞（hole），不是整體（whole），我強烈地感覺到本來有著些什麼的地方，如今空無一物。當時，在停屍間那兒，我不管多麼努力，就是無法甩掉那股負面情緒。後來，我學生時代的一個朋友吉娜來解救我，她找我去南法待一個星期，這讓我有機會逃離灰暗的不列顛，還有我工作場所裡那一堵堵每天包圍著我的高牆。我只需要出機票錢，住宿免費。我立刻答應。

那正好我是我需要的。我們在海灘上徹夜長談，天上掛著我這輩子看過最閃亮的星星。當地出產的紅酒美味又便宜，磨鈍了我椎心痛楚的銳角。我慵懶地在陽光中度日，喝的酒也許有點過量；那是裝在兩公升瓶中的冰涼白酒，我們騎五分鐘的單車去附近酒莊買的。吉娜出去探險，她會說流利的法文，而我則躺在陽臺上，曬著熾熱的法國陽光，希望能驅除那股被玷污的感覺，因為過度的洗澡並不管用。我當時喝得很醉。這是個糟糕的計畫。

有一天晚上，我們去遊樂園，噪音、音樂和燈光令我頭暈目眩。那是一場超現實的體驗，就像作夢一般。經過這麼多安靜的日子，噪音在我腦裡顯得誘人，但又不知怎麼地令人卻步。我想要感受到些什麼，擺脫掉糾纏我太久的那股感覺，所以我央求吉娜跟我一起坐上各種遊樂設施。有些是水平旋轉，有些垂直，有些則像鐘擺一樣晃盪。最後，我想坐雲霄飛車。也許爆衝的腎上腺素會讓腦內啡大增，治好我的腦子？說實話，我們對那搖搖晃晃的器材沒什麼信心，但我也沒被嚇著。

雲霄飛車繞圓、爬升、下衝、顛倒，然後我做了一件我從沒有在雲霄飛車上做過的事——我放手了。

10 遺體重建——所有國王的人馬

「你也許看過一個茶杯從桌上墜地摔成碎片，但你絕不會看到杯子自己重新組合、跳回桌上……這種失序狀態（也就是熵）的增加，區分了過去與未來。」——《時間簡史》，史蒂芬．霍金

我當然沒有死在那部雲霄飛車上，我有繫安全帶。但那一晚確實教我認清了自己當時的心理狀態，我知道我不能再這樣下去，我得繼續前進。

我不知道那位地鐵男為什麼跳向一班前進中的列車，但我能想像得出他的心境。有一件事是確定的：一旦他在那裡展開行動，就再也無法回頭。時間不能倒轉。車站裡的旁觀者不可能看著他融成一團紅色與粉紅色的內爆物，然後毫髮無傷地降落在月臺上。我好奇他往前跳的時候心裡在想什麼。他是否感到後悔，內心充滿怖懼？他

是否為渴望已久的平靜與放鬆而覺得感激？或者，是否他被火車無情的鋼鐵撞上之前，根本沒有時間想到這些事？

我倒有很多時間思考這點，因為我決定花費好幾個小時將這名自殺的死者完整重建，盡我所能將他拼湊回原貌。驗屍官辦公室人員並不認為他的家人能夠來做遺體瞻仰。與簡短的驗屍過程不同，重建工作花了我四個小時，但是當我聽到電話另一端對我的宣告回以「對不起，妳說什麼？」的時候，每一分鐘都值得了。

「我說，他的家人這個下午就可以來瞻仰遺體，或是他們想要明天來也行。」

「我不懂，」驗屍官辦公室人員顯然很困惑，「我以為他粉身碎骨了。BTP（英國交通警察）和復原小組說他不可能接受瞻仰。」

「他**本來**是粉身碎骨，」我解釋道，「但我們的職責就是盡可能讓死者呈現美觀而無損尊嚴的狀態。在他來說，就是可以接受瞻仰的狀態啦。」

「好吧，」她說，我聽得出她語氣中的懷疑，「妳一定要好好跟我說說這個案子。」

* * *

我引用兒歌〈蛋頭先生〉中的「所有的國王人馬」一語，並不是為了故意搞笑。就像看似毫無章法的《愛麗絲夢遊仙境》故事中，據說包含了數學的指涉，例如「極限」與「反比關係」；〈蛋頭先生〉也常被用來詮釋熱力學第二定律。先前，我描述腐屍所形成的生態系時，提到了熱力學第一定律，也就是能量不會新生、也不會消滅，只會轉換形式。第二定律說的是「封閉系統中的熵必隨時間而總體增加」，此處的熵指的是失序或混沌的狀態。在那首童謠裡，不幸的蛋頭先生摔成碎片後，「所有的國王人馬都不能把蛋頭先生拼回原形」。可憐的蛋頭先生無法恢復到摔落前的狀態，就是這個定律的體現。

這個定律也完美描述了驗屍後的遺體重建工作。APT不是防腐技師，所以不會用化妝品和高科技的美容方法來重建病人，他們必須從內部做起，把死者當成一顆徹底破碎的雞蛋，盡其所能地把他們拼回原狀。

＊＊＊

用水管沖洗完解剖臺和所有臺面之後，我在不鏽鋼板上倒了一桶溫水加殺菌劑，讓它浸泡一下子。然後，我回頭面對我的案件，地鐵男。清洗遺體時，我們也會使用水管，但要保持水勢輕柔，避免血液和其他細小組織碎屑被沖到地板和設備上，造成血液微粒變成可能吸入的氣膠。驗屍臺通常在死者頭部處稍微較高，代表水可以順著遺體流下臺面，從死者腳邊的排水孔流向水槽。雖然看起來有點奇怪，我們清洗死者的方式好像他們是汽車或餐館裡的碗盤，但事實上，只要動作放輕，就不會太令人不舒服。

我一手像握手槍一樣抓住水管手把，另一手拿著浸了泡沫清潔劑的海棉，過程中持續把血跡清掉。這麼做不只因為這是停屍間的政策，且能維持病人外觀體面，更因為這樣可以避免血液凝結在皮膚上，事後更難清除。肥皂和血液會混合成一種熟悉的粉紅色泡沫，順著死者的手臂和雙腿流淌而下，旋轉著流入排水孔。說熟悉是因為我每天都看到這樣的液體，而現在，當我洗著自己紅色的頭髮時，灌滿浴缸的粉紅色污水也會以看起來完全相同的螺旋路線流走。我感覺自己又瞬間回到驗屍室裡。

令人不舒服的部分在於清洗臉部。就連最弱的水流灑到嘴巴和張開的眼睛時，都讓我預期會引起一陣瑟縮，預期眼睛會反射性地閉起以抵禦衝擊。所幸這種狀況並沒有發生過。水流只會沖過眼瞼半閉的眼球，流進張開的嘴巴裡。我不喜歡小團的碎屑或是黃色脂肪組織卡在牙齒和牙齦間。但我不能朝他們的嘴巴更用力噴水——那樣似乎不太對。我只好用真正的牙刷幫他們刷牙。

我不知道我的同事之中有多少人發現這件事。

病人經過初步沖洗後，我開始進行重建。首先是頭部。因為頭髮沾濕了，就比較容易梳成我先前割出切口時的樣子：一半頭髮往前蓋住臉，另一半順到脖子底下。與腦部佔身體比例較大的嬰兒不同，成人死者的腦部並不會被放回顱內。那是不可能做到的，因為腦部是一種如此柔軟的組織，而臉部又有那麼多自然存在的洞孔，這結果會很不衛生。我用藍紙巾把顱部底端擦乾，然後拿一大團乾淨的白棉花，壓成跟腦部大致相等的大小，放進空空如也的頭顱內。這樣做有兩個理由：第一，這樣讓頭部有正確的形狀，我就可以把頭蓋骨放回原位、保持安穩；第二，棉花的吸水性代表它會吸乾任何從枕骨大孔滲漏的液體，或是任何我沒用藍紙巾擦掉的液體。

顱骨重建完成後，我將顳肌推回定位，然後把頭皮拉過來，這樣切口的兩邊就會在頭部後方相碰，中間只有一段小小的空白。接著，我用事先準備的縫針和專用線縫合，方向和我用手術刀切割時完全相同——從右到左。我用S形縫針在上片頭皮裡外穿梭，剛好是在開始可以看見黃色脂肪組織、甚至髮根的位置。然後我會把它往下推到同一個位置的下片頭皮底下。上片到最底，下片到最底，重複再重複，直到我做出一道工整的縫合，像棒球上的縫線一樣。我們確實把這叫作「棒球縫法」。

接著，我用更多藍紙巾或是乾淨的海棉擦乾體腔，在骨盆腔內放進更多的新鮮白棉花。這是用來取代膀胱和其他骨盆內的器官，也一樣可以讓體液在透過身體自然的洞孔流出前加以吸收。我在頸部也放入棉花，這可以將頸部重新賦形，有時候甚至要幫男性死者做出小小的喉結。

死者的每個器官都已裝入可生物分解的透明袋，也就是器官袋。這些袋子是專門為了這個用途製造的——我們不會使用一般的垃圾帶或是醫療廢棄物袋。整齊綁好的袋子就可以放進空空的體腔裡，然後頂端蓋上先前為了摘取心臟和肺臟而切除的胸骨。同樣地，這也可以讓病人呈現自然的體型。我把兩片皮膚拉到一起，然後照著跟我割下切口時相同的從上往下方向，再度使用棒球縫法縫合切口。

如果我出於需要而抽取了病人眼球的玻璃體，此時，我就會在眼球中注射生理食鹽水，以維持眼內液壓，使眼球恢復球形。如果之前拿出了假牙，現在也會裝回去。經過驗屍之後，死者的遺容常常會比先前看起來更安詳。我會再次徹底清洗遺體，洗淨頭髮上的油脂和體液殘留。

但是熱力學第二定律發生作用了。我們不可能像拼拼圖一樣把每個器官都撿回原位、縫合固定，我們也不可能在靜脈和動脈裡重新注滿死者的血液——他們的血現在已經消失在排水孔，跟大眾排放的其他污水一起進入下水道系統了。的確，我們就是無法把蛋頭先生拼回原形。沒有人做得到。

我們只能盡力而為，讓死者在經過檢驗程序之後，比事前看起來更美觀、受到更好的照顧。

＊　＊　＊

我的地鐵男比這複雜多了。我必須用棒球縫法固定他每一截斷落或是部分切斷的肢體：兩隻手（斷在手腕處）、一條腿（斷在膝蓋正下方）、一隻腳掌（斷在腳踝）。然後還得在他整圈腰部重複同樣的步驟，因為他的身體確確實實裂成兩半過。我得到的成品著實很像佛蘭肯斯坦博士的怪物——彷彿我是用斷肢桶裡撿來的人體部位跟頭與軀幹縫合，創造屬於我的「亞當」。但我在每個接合處裹上膚色繃帶以後，這些慘烈死法留下的醜陋痕跡就都隱藏起來了。他看起來好多了。

我在電話上跟驗屍官辦公室人員解說了這一切。

「花了多久時間啊？」她不敢置信地問。

「大約四個小時吧。但頭部比較費工夫。」

事實上，我額外花了將近一小時才在頭顱內盡可能地填充棉花，然後以萬用膠將顱骨的碎片黏回我印象中正確的解剖學位置。接著，我把整個頭部都用白色繃帶包紮，在左側包得較密，以遮住大部分受損的組織。

「他看起來有點像『意外先生』[1]，好嗎？」我對驗屍官辦公室人員警告道，「但他完全是可以見人的——你可以很清楚地看到他的臉。」

「太棒了，我會通知家屬。」她說。

我為家屬高興，也為他高興，但我無法不去想他做出的那個無法回頭的決定，我也曾思量過相同的抉擇，這個案件正好在湊巧的時間點出現，教了我寶貴的一課。

＊＊＊

APT們常說，他們所做的一切是為了死者的家屬，當然，此言通常不假。但是，這也是為了解釋為什麼他們選擇從事一項對大多數人而言如此古怪的工作。這個說法將它正常化了，讓他們辛苦的驗屍助理與遺體重建工作可以得到正面的肯定，讓他們有機會得到某些人的感謝。不管我們做的是什麼工作，都需要這樣的鼓勵。

我覺得奇怪的是，很少人承認他們的努力也是為了死者本身。當我為那位厭食症牙醫做遺體重建時，沒有任何人來看望或是認領他，但我還是完成了重建的職責，做得甚至比某些停屍間所要求的更好。這不是為了家屬，而是為了死者。我並沒有期待任何人來跟我說「謝謝你，他看起來棒極了，」雖然有時候我確實會得到這樣的讚賞，像是在地鐵男的那個案件。一般而言，我們APT完全享受發揮自己能力的極限，大部分人都願意為了死者家屬盡最大努力，我們的主要目標就是讓死者經過我們的照顧之後，能夠多一點尊嚴。

那麼，為何有些APT如此急於自我審查，反感於大眾媒體對驗屍的寫實呈現，以及蘇・福克斯（Sue Fox）和凱瑟琳・厄特曼（Cathrine Ertmann）等藝術家拍攝的驗屍過程照片？或者，他們不希望外人觀看驗屍過程中的任何部分，又或是委婉地聲稱他們的工作是「為了活人而做」。然而，如果他們不願承認這份工作的真實內容，如果他們堅持讓這門職業保持隱密，如果他們不願意表現出自己也是人類、在擁有幽默感的同時仍可以是一個優秀的病理學技術員，那麼，社會大眾又會對這些事物存在著什麼樣的看法呢？這門職業簡直就像是在創造自己的往生禁忌。

* * *

①譯注：童書《奇先生妙小姐》系列中的角色，頭上包滿繃帶。

我已研究過往生事業各種面向中的隱密性和公開性，包括停屍間、葬禮、骨骸挖掘、人類遺骸的公開展示等等。由於我的職位是病理學館藏的技術策展員，我往往最專注在零碎的人類遺骸上，但在死亡認知、死亡理論和時常變化的生死相關法規方面，我也關注了最新的研究趨勢。過去那段艱困的時期中，每到晚間我需要找些東西讓自己專心，就會開始重讀舊書，同時也涉獵一些經典作品，像是貝克（Ernest Becker）的《否認死亡》（*The Denial of Death*）和米特福德（Jessica Mitford）的《美國式死亡》（*The American Way of Death*）。

我在社群媒體上串聯其他也認為死亡不該受到層層遮掩封鎖的人，悄悄地加入了「正面死亡態度」運動。這個運動是由深具洞見與幽默感的美國禮儀師道提（Caitlin Doughty）發起，她希望死亡能夠得到公開的討論，這個運動之於死亡，就像「正面性態度」運動之於性愛。

了解到公開討論死亡所能帶來的益處後，我開始建立自己的理論。畢竟，正是隱密性導致了擅取器官的醜聞，還有「告訴他們越少事越好」的態度造成了無數的問題。我到許多不同城市參加會議，跟一些在網路上聊過的人見面。我在一場會議上聽說了一項極為迷人的研究計畫「人骨不設限」（Bones Without Barriers），它基本上包含了我試圖提出的所有論述。

簡單來說，有一組考古學家在他們的挖掘位址周圍立起屏幕，然後開始挖掘骸骨。當地居民並不開心，他們不知道「幕後」發生了什麼事，由於完全沒有相關知識，他們想像挖掘行動其實是盜墓，沒有正當的理由可以支持。這個邏輯是，如果他們不是在做壞事，為什麼要遮遮掩掩？經過一段時間後，研究的第二階段開始進行。這個階段拆除了所有屏幕，讓民眾能夠接近考古學家小組、提出疑問，有些人甚至可以親手觸摸骨骸。問卷調查顯示，民眾對挖掘行動變得比較樂見其成，他們更了解行動程序，也對行動感到興趣，不會覺得受到冒犯。

這個研究計畫使我大開眼界，得知外面還有個世界可以讓我施展長才，並且對之直言不諱。我當時還不確定自己到底想要做什麼，但我可以感覺到，當我聚焦在這個目標，我自己的零碎片段也拼湊成形了。我厭倦了待在一個告訴我「你不能跟伴侶或家人以外的人談論工作，不能隨便見人就說」的行業裡。我厭倦了對於犯錯的極度恐懼，因為如果出了錯就是「奧德黑醜聞重演」，我甚至連聽到這個詞都覺得厭煩！

這個行業的行政文書工作與日俱增，我覺得那根本無關宏旨，對我或是大多數 APT 的職業目標都毫無助益。我本來想參加每季舉辦的 APT 大會，對我們的組織——英國解剖病理學技術員協會，做出更多貢獻，但我卻要負責處理一些瑣事，例如確定我們病理學團隊全體，包括醫生，都接受了關於人工操作及衛生安全管理的訓練。我簡直像是在臨床管理部門工作。

不過，我還是將這些都視為「經驗累積」，照單全收，但即使我延長工作時間，還是難以應付。然後，我發現了另一個我願意不計代價重建地鐵男遺體的理由：我想待在那間小小的高風險驗屍室裡。我不想在辦公室工作。我想做的是我從小就渴望的事，那件其他 APT 似乎都不願提起的事——我想跟死者一起工作。

那時，我就知道我該離開了。

＊　＊　＊

尋覓其他工作的同時，我讓自己盡量多待在驗屍房裡。從聖克萊教授這樣的病理學老手身上，總是可以學到東西，此外也還有許多輪班來處理當日案件的病理學顧問。並不是所有停屍間都照同一套方法運作，所以我也在代理 APT 的資料庫裡登錄資料，這樣就可以利用年假或是離職後的時間，到其他機構工作。我同時尋求其他停屍間的管理職務，因為規模較小的停屍間（特別是地方政府轄下的）通常沒有那麼多行政工作要處理，主管也更常執行驗屍工作。我尤其留意其他跟死亡有關的工作——人家說「幫貓剝皮的方式不只一種」。實際上，幫人類剝皮的方式也不只一種呢。這是我在不斷擴展的研究中的發現……。

＊＊＊

某日下午，有一通電話打來，是蒂娜接的。她聽著電話另一頭的聲音時，臉色愈來愈凝重。

「怎麼了，小蒂？」我在她掛回話筒後問道，「是臨時的遺體瞻仰什麼的嗎？」

「不，是組織銀行。有個皮膚和骨骼的捐贈者，他們要求今天下午就進行。」

「為什麼會有問題？」我好奇地問。我從來沒有見過這種手術。

「因為那個超級花時間！」她呻吟道，「是我當班，但是我要跟胡安還有臨床管理團隊開會。組織銀行的人不能在沒人監督的狀況下單獨進行——辦公室得有人在，可以隨時出入驗屍房看看。」

「我留下來跟他們一起，」我提議。我大概不會待在辦公室，而會進去旁觀整個流程。

「真的嗎？你願意？」蒂娜問。

「當然！我本來就想看他們是怎麼做的。別擔心！去開會吧。」蒂娜似乎遠比我更適合臨床管理生涯。

於是，一個鐘頭後，我開心地待在驗屍房裡，聽組織銀行的技術員解說他們即將進行的程序。他們都很開朗雀躍！身材圓潤、一頭棕髮、年約三十的強尼樂於回答我所有的問題，因為跟他同行的那位年紀較輕的女孩索妮亞是他的訓練生。她也可以從我們的討論中學到新東西。

「所以，你們今天就得來動手，不能等到明天？」我一面把捐贈者從冰櫃裡搬出來一面問，「我不是說這樣有問題。我只是好奇。」

我們將捐贈者移進驗屍室裡時，強尼解釋道，「大部分的組織，我們有至多四十八小時可以移除，但如果捐贈者在這欄勾選同意，」他指了指文件上一個特別的區塊，「那我們就需要盡快取得組織，當然得在四十八小時內。組織越快摘取，成功移植的機率就越高。」

「摘取」這個技術詞彙，是指任何從遺體上移除組織的動作。在這個案例中，他指的組織是皮膚和骨骼，任何人都可以勾選表示願意在死後捐贈這些組織。但是，就像其他器官一樣，這並不代表捐出的組織就一定可以使用：還有其他因素可能造成影響，例如傳染性疾病，或是外傷造成的損害。當然，腐敗也是其中一個影響因素。這就是為什麼我們需要更多捐贈者，多過我們實際必須使用的數量。

「很多人都不曉得，他們還活著的時候也可以捐贈皮膚，」強尼補充道，同時套上防護衣，「妳知道，如果有人想大幅減輕體重，會動手術切除多餘的皮膚？」

我完全不知道。我正一如往常地專注在死者身上。「真是個好主意。我從來沒想過。」我一面回答，一面看著他打開「摘取工具組」。

他拿出的工具看起來像一隻手把較為鈍重的大型不鏽鋼剃刀，上面連接著電線，他替它插上電源。

「這是皮節工具——就像是有圓形刀片的大型剃刀，」他說話的同時檢查著死者身上哪一部分的皮膚最適合摘取。顯然不是在會影響遺體重建的明顯區域，而主要是大腿。皮節工具滋滋作響，由於它是電動的，可以割取大小與厚度統一的長方形皮膚，不像手動工具，後者的切除的品質可能會比較不規則。

看著他從死者身上切除一塊塊長條形的皮膚，真是令人感到不可思議。皮膚上仍然附著毛髮，在日光燈下微微反光。然後，他將皮膚遞給索妮亞放進特殊包裝中。

「它們接下來會怎樣呢？」我興致勃勃地問。

「經過處理以後，它們會被放到一種格狀裝置上，變成網狀。」

那就是你在重傷傷患身上看到的網狀植皮。常見的用途是燒燙傷、皮膚感染，以及復原狀況不佳的褥瘡或潰瘍。如果我那位厭食症牙醫逃過了敗血症，也許就會需要這樣的植皮。

強尼一面工作一面說明，他的電動工具和句子裡點綴的「深低溫保存」、「電離輻射滅菌」、「抗生素潛伏期」這些字眼，都讓他執行的程序顯得非常現代。但關於皮膚移植的記載，其實可以上溯到兩千五百年前的印度。

不過，大體皮膚還有另一個用途，那是我幾年之後才得知的。我先前提過，我患有一種罕見的顏面疾病，叫作帕羅氏症候群。我談到這個疾病及我的其他健康問題，單純是為了顯示，在病理學界工作並不會讓我的健康狀況拿到「出獄許可證」。我們都是凡人，在病理學症狀的邪惡本質面前都是脆弱的。如果我在這個領域工作的決定包含跟死神訂下黑暗契約，保護我和我的親友免於生老病死，那麼我再樂意不過，但不幸的是，實情不是這樣的。這真的很可惜。我會願意做出像是用鮮血在羊皮紙捲軸上簽名之類的戲劇化舉動……或者那會是用邪惡的古董皮節工具切下的人皮做成的捲軸呢？我們不得而知。

總之，我的症狀又稱半面萎縮，這並非與生俱來，而是由物理性創傷所導致，除了引起多種較嚴重的徵候以外，也造成我的臉部左右不對稱。基本上，其中一側的組織會溶解。每隔一到兩年，就像車輛定期保養一樣，我都必須進醫院動手術以平衡臉部結構。我的外科醫生先前摘取過我的筋膜和自體脂肪，可是它們移植到我的臉上一陣子之後也溶解了。他有點沉重地說，下一步嘗試就是使用 AlloDerm，也就是**大體皮膚**。他說出這個字眼時不安地看著我，那個樣子宛如在期待我臉色大變。

「好的，」我不動如山地說。

「那樣也會比較穩定，」他補充說明的速度飛快，我猜他是怕我改變心意，「我應該早點提的，但是我不希望這個點子把妳嚇跑。」

「喔，看在老天的份上，馬默德醫生，我可是在停屍間工作啊！我不會介意臉上有一塊大體皮膚的！」

就這樣，我成了科學怪人的新娘，身體用過慷慨的死者捐贈的組織重建。

* * *

回到驗屍房，組織銀行現在努力從我們的捐贈者身上摘取骨骼，明確地說，是腿部的股骨、脛骨和腓骨。這需要在腿部的皮肉上深割一道切口，比 APT 一般割的深度更深許多，一路切穿筋膜。我看著覺得很神奇，因為我臉上有過半張來自腿部的筋膜，但我沒有實際看過。骨頭的原位會擺上相同形狀的矽膠棒取代，以免雙腿最後變得「軟趴趴」。「他們以前用過鋸下來的拖把柄，妳知道的。」強尼告訴我。這有道理，很多東西以前都是木頭做的。

這個程序跟我們APT透過死者小腿皮膚的切口檢查DVT（深層靜脈血栓炎）差不多。那是一種許多人熟知的症狀，因為它和搭飛機有關（其實是和長時間維持同一姿勢不動比較相關）。如果腿部靜脈中有血栓或血塊形成，並且有部分碎開，碎片就可能在體內循環，造成致命的肺栓塞。如果病理學家發現了這種栓塞，我就會檢查小腿的肌肉，以測定栓塞的來源。有時候，光是肉眼就可以判別哪一隻小腿有DVT，因為它會輕微地腫脹，但也有些時候需要深入探究。不同的地方在於，我是在小腿肌肉的血管中檢查，而非切割到骨骼的深度。但是除了深度不同之外，強尼將切口復原的方式跟我完全一模一樣。

「喔你看，他也是眼球捐贈者，」索妮亞指出，她顯然很高興自己在表格上注意到這點。

「我會摘除眼球！」我喊道，像個坐在教室第一排的小孩，「呃，我有證書……，但我還沒實際做過。」我坦承。

「妳想摘取這一對嗎？」強尼提議道，「索妮亞反正是需要觀摩的，她還沒修過那門課程。」

「喔天啊，不要，我現在記不得怎麼做了。」

「那麼，我做第一顆，然後妳做第二顆，這樣如何？」

我震驚不已，「你相信我嗎？要是我把它毀了怎麼辦？」

「妳會做整具遺體的器官剜除術，不是嗎？」他指出，「我確定一顆眼睛妳應付得來。」

說得沒錯。

於是，強尼流暢地摘除左眼，隨著一聲「啪」丟進裝著無菌溶液的容器裡，整個放在冰塊上。然後，我拿了一把乾淨的手術刀，摘除我的第一顆眼球。

我必須像他一樣用拉鉤使眼瞼睜開，構成了一個有點恐怖的畫面，讓我想起《發條橘子》（*The Clock Orange*）。但這代表我能夠用拋棄式手術刀接觸並割開結膜肌和視神經，就像用抹刀切奶油一樣容易。幾秒之內，右眼也放到了冰塊上，準備前往英國兩家主要的組織銀行之一，在那裡可以存放至多三十八天。我用跟眼球相同形狀的棉花圓球來重建眼窩，最後放上平滑的塑膠眼蓋，使之呈圓形。這名男子重新著裝後，看起來就像原來一樣，根本看不出他被摘取組織的痕跡——他被重新組合得非常完美。

* * *

嚴重腐敗的死者遺體，也就是所謂的「腐屍」，也是用跟其他人相同的方式重組。他們多半不可能讓家屬瞻仰——我們文化中對腐敗屍體的反感讓這種情況不太可能出現。在某些特異的情境下，若有家屬堅持要看已成腐屍的死者，某些停屍間會要求他們簽一份同意書。這份文件基本上載明我們已經將死者的情形告知最近親屬，包括顏色、氣味，還有絕不會形似他們記憶中那個人的樣子；而且他們要能夠接受現實，做好了心理準備。

腐敗的屍體也絕不可能接受防腐處理，因為他們已經腐化得太嚴重了。他們脆弱的靜脈無法承受強效的化學物質，而且我先前描述過的顏色變化也不可能扭轉。但那不是重點，我們是為了死者本身重建遺體。

已腐化的死者還是有權跟其他人得到一樣的待遇，所以我們還是會把化成漿泥的器官裝進器官袋，仍然會在顱骨裡填充棉花並彌合頭皮。我們也會試圖把木乃伊化的遺骸身上皮革狀的皮膚縫合，即便皮膚乾燥皺縮的狀態會使接合處有縫隙。接著，我們會在屍袋裡撒入具吸水性、有香味的粉末，拉上拉鍊，通常再包上另一層袋子。然後再加上一層。如果有人為他們出錢辦理後事，葬禮會是蓋棺的，不管他們是土葬或火葬。

＊＊＊

遺體不可能完美地重建，也許這就是重點——事情本不該如此。雖然多數西方人只會在恐怖片和電玩裡面看到腐屍，現實的情形卻未必總是這樣。

十三世紀的佛教徒遵循他們教義中的「九因相」或「念死無常」，並利用描繪人體各個分解階段的圖畫作為輔助。這些畫作名為「九相圖」，是用來幫助佛教徒觀想死亡的多個階段，直到十九世紀都仍十分流行。近期，我接到佛教徒申請觀覽我們博物館中的標本，也是為了相同的目的。「念死無常」的最終目標是為了認知到生命的有限，接受萬物易於變化的本質，藉以增長正念。這些畫中的腐屍一開始通常是美麗的娼妓，所以僧侶的觀想中也含有屏除情慾的成分。這個概念是，儘管這名女子的外表如此美麗，但是外表之下的本質也跟常人一樣，終將腐化敗壞。

我從這麼多腐敗死者身上學到的，也是同樣的一課。當你真正面對腐敗中的人類遺體，就很難執著於日常瑣事的重要性或是意義。佛教宣揚無常的概念，也就是一切的存在都是虛幻短暫的，或是永遠處在變化狀態中。透過死者的狀態變化，那種虛幻短暫的本質就呈現在你眼前——它存在於一個中介的空間，既非真的死去，也非真正活著。這個過程是大自然偉大的平衡工具。

古希臘和羅馬人會在陵墓裡睡覺，藉由陪伴死者得到靈感。西方的中世紀藝術也傳達著相同的啟示，不論是繪畫或雕塑，都有作品呈現那些爬滿了他們所稱的「蠕蟲」及其他昆蟲的骷髏。萊亞爾（Juan de Valdes Leal）的畫作《死亡寓言》（*Allegory of Death*）就是那個時代的典型產物。畫中描繪了一具介於進階腐爛期和腐爛殘留期的骷髏，內臟外露懸空、蟲子啃食著它暴露的腿骨。這些腐屍模特兒流行於中世紀晚期，基於其「過渡性質」，雖然已經死亡卻仍殘留著生氣，他們後來被稱為「過渡形象」。過渡形象可以是真人大小的石雕，也可以是象牙製的小雕像，不論大小，它都是「凡人終有一死」的象徵，提醒我們所有人總有一天會面臨死亡，而腐敗也是自然的現象。

在十七世紀末的歐洲，深刻地思索墓中屍體的腐化現象，成為一種備受推崇的靈性活動。大約出現於一六六七年的一本手冊《死亡當下之人》（*L'uomo in Punto di Morti*），是由耶穌會中的作者巴托利（Daniello Bartoli）所撰寫，書中主張這是一種理解死亡的方式。手冊中的一章題為「墳墓是一所能讓瘋子也學到智慧的學校：我們進到墓裡，聆聽道德教訓與基督信仰的哲學」。

創作於十七、十八世紀之交那不勒斯的蠟雕「不堪入目的美女」，呈現的則是一名美麗女子從土中露出的臉龐和胸腔。她被蠕蟲所覆蓋，甚至還有老鼠正囓咬她的乳房。這些圖像與文字作品都是此段著名墓誌銘的具現：

路過的你要記住我，
我曾經是現在的你，
你必將是現在的我，
準備好死後隨我走。

生在充滿瘟疫與酷刑年代的古人，與腐爛屍體的親近幾乎到了犯禁的程度，那簡直是身在進步衛生的西方世界的我們所無法想像。然而，有一小群人開始對死亡世界的隱密與無菌形象表示抗議，繼而對死亡與腐敗抱持著一種更自然的態度。

如今，「環保葬禮」愈來愈流行。殯葬員不再被鼓勵使用化學防腐技術和非生物分解材質的棺材，取而代之的是藤編甚或紙製棺材，在永續林地舉行的自然「樹葬」，也取代了對環境不友善的教堂墓園土葬和火化。突然之間，孟克的名言「我腐爛的軀體將會長出鮮花，我將在花叢中得到永恆」越來越貼近現實。如果我們在自然界的命運就是被回收並得到重生，那為什麼要花那麼多時間對遺體進行人工重建呢？

佛教徒能夠理解無常。他們了解萬物隨時在變化。我們可以支離殘破、粉身碎骨，我們可以放手讓自己發生這樣的變化，不受化學藥劑與物理性工具的干預。不過，不論我們的宗教信仰為何，我們都會透過某種方式回復原狀——這是我們註定的命運。

最終，我們都會回復完滿。

11 安息禮拜堂——修女也瘋狂

「幾乎每個人都被甩過，或是未來會被甩。當然，除非妳是修女。耶穌是不能甩掉修女的。」——《愛情、慾望與偽裝：關於性愛、謊言和真實羅曼史的赤裸真相》（*Love, Lust & Faking It: The Naked Truth About Sex, Lies, and True Romance*），珍妮・麥卡錫（Jenny McCarthy）

我在凌晨五點十五分醒來，而且不是自然醒。我得用手機的鬧鈴功能，不過這樣其實牴觸了我待在這裡的目的。我是要隱居避世、孤身一人，不受俗務瑣事干擾。我要手機**安靜別響**。

給自己的提醒：去買個旅行用鬧鐘。

我也不想從床上爬起來。在這間小房間裡，我前一晚鑽進的簡易被褥稱不上奢華，但是現在，我睡了一夜之後所逸散的體溫和被子一起舒服地包裹著我，這張床感覺是全世界最棒的。外面的空氣撲在我臉上顯得如此寒冷，讓我想更往被窩裡鑽。但這時我想起了床鋪上方的壁掛式扇葉暖氣。我從溫暖的被單中伸出手，快如閃電地開了暖氣，彷彿攻擊獵物的毒蛇一般敏捷。不到一秒內，我的手臂就回到了被單中，室內開始充滿輕柔吹動的溫暖空氣。我窩回枕頭上。

我在這個令人愉快的狀態裡沉浸了大約十五分鐘，半睡半醒，直到聽見音量逐漸加強的頌唱聲，才不情願地張開眼睛。我知道現在一定是五點三十分，因為夜禱開始了。修女們溫柔甜美的讚美詩歌聲令人難以抗拒。我像是循著美食香味的史酷比狗，跑過修道院，從一扇只供訪客使用的門進入禮拜堂。這個入口通往一座小陽臺，可以俯瞰教堂內部，包括全日都可以出入的右側大門、一排排座席、分布在各處的幾個信眾，還有祭壇上的聖體（聖威化餅）顯供架，映著窗外升起的陽光，像金色的光圈般閃耀。我只看見一位修女跪在祭壇前朝拜聖體，完全靜止、毫無動作，簡直像是經過防腐後被擺在那裡的。

她無疑讓我想起了愈來愈常見的「擬真」防腐技術，過去一年來有過幾個展示案例。這些「muerto parado」或稱「站立的死者」，是由一位富有開創精神的殯葬員所發明。他將死者以栩栩如生的姿態保存，甚至讓他們參加自己的葬禮，或是永恆地從事他們最喜歡的消遣。一位八十三歲的紐奧良社交名媛被披上粉紅色羽毛披肩，手裡拿著一杯香檳；一名波多黎各男子被擺設在他最愛的摩托車上；有一名女子一手拿了杯啤酒，另一手指夾著一根薄荷菸。

但是此地禁止菸酒，不論是活人或死人。這是一間奉行「永恆敬禮」的修道院，代表每天二十四小時、每週七天都得有人跪在那塊威化餅前，有時候是會眾，有時是修女。教堂前面有一張志願表，時間表上如果有沒被信眾填寫的空格，這間小修道院的住民就必須認領那些時段。我沒看見那些頌唱的修女，只聽見她們的聲音，因為這是一個隱修院，她們盡可能在他人視線範圍外活動，通常是在主祭壇側邊的某處。這可不是節奏輕快的福音歌舞唱詩班——這是晨起的第一件事，但她們溫柔縹緲的和音仍像搖籃曲般引我回到夢鄉。

我閉上眼睛靠著椅子，但沒有睡著。我讓歌聲流遍我、通過我。我試圖讓腦海一片空白，只專心聽進旋律。在副歌較小聲的部分，我聽見外面的鳥鳴，牠們也加入了修女的黎明合唱。

我處於全然的平靜安寧。

＊　＊　＊

如果情況允許，每個停屍間都應該設有辦理遺體瞻仰的處所，寧靜且隱私。但是有些停屍間規模太小，或是工作太繁忙，所以殯葬員總會有舉行瞻仰的地點，較大的葬儀公司會有許多個房間，可以同時舉辦數場瞻仰；這些建築物裡的安息禮拜堂就曾是辦理瞻仰的地方。我說「曾是」，是因為現今的世俗化社會將這些區域改稱為瞻仰室，不與特定的宗教連結，以免對人構成冒犯，但這個名詞還是沒有「安息禮拜堂」帶來的寧靜感。

寧靜對於瞻仰死去親人的家屬而言相當重要，對我則是一直意義重大。從我最初在沃辛的艾伍茲父子葬儀公司滿足地打瞌睡的日子開始，到我試圖和恐怖三人組保持距離的那段時光，直至我流產後在聖馬汀醫院小教堂度過的午休時段，這些「禮拜堂」都是我的庇護所。我不是個有信仰的人，至少在傳統意義上不是，我樂於擁抱各種不同的敬拜儀式，若有些人決定不接受任何敬拜，我也尊重。但是，這些肅穆場所裡的孤獨與安靜，不論是宏偉的伊斯坦堡神聖智慧大教堂，或是布拉格附近小而驚人的人骨聖堂，塞德萊茨藏骨堂——總是為我帶來慰藉。

* * *

我時常思索，我想跟死者一起工作的原因之一，是不是因為我渴望那份靜默、沉定，和某種神聖感。我曾在受訪時被問到，「如果你不是解剖病理學技術員，會從事什麼職業？」我當時衝動地回答，「修女。」我記得那篇特寫報導的撰稿者在電話中脫口驚呼，「我這麼多年來從沒聽過**這個**選項！」

當然，我事實上是絕對當不成修女的——我太喜歡雞尾酒、絲綢睡衣和紅色唇膏了。經過這段試圖求得平靜的短暫體驗期，我更是確定。就像死者一樣，那些選擇獻身宗教的人，也處於世俗與超越界之間的邊緣地帶。

大部分停屍間的遺體瞻仰室都設有舒適的沙發，有時則是座椅，還有軟綿的地毯與柔和的燈光，並時常擺設鮮花。室內並沒有專為擺放死者而設的家具，因為死者會躺在外面的推車擔架上先準備好，通常是在冰櫃間——「過渡」區或是「橘色」區，依你所在的地方不同，有不一樣的名稱。唯有在準備完成後，他們才會開始這趟短短的旅程，進入如子宮般舒適的瞻仰室。

＊＊＊

兩個場所之間有著鮮明的對比。冷藏室的日光燈照在死者和活人身上同樣不留情面（想想你在公共廁所裡工業照明燈下的恐怖倒影），但是在這種情形對我們APT有所幫助，因為在銳利的燈光下檢視死者最糟的一面，讓我們可以努力修補每個細節，親人瞻仰時就能保持心情平靜。但我們不是防腐技師，我們美化的技巧跟重建遺體一樣有限。我們不會用到化妝品，而且盡量將隱藏瑕疵的侵入性作法減到最少。

舉例來說，如果死者的嘴巴像《驚聲尖叫》電影裡的殺人魔一樣張開，我們會避免使用縫合的方法。替代的作法是在頭部底下多墊個枕頭，使下巴靠向胸前，自然讓嘴巴合上。如果這招沒效，我們會使用下巴頸圈：這是一種薄片、淺色的塑膠裝置，形狀像兩個圓角三角形，中間以一個鈍角相連。這個裝置會在胸口施壓、把下巴往上推，但因為其顏色與透明度，很難看得出來。

我們常需要用鑷子把棉花放進鼻孔裡，以吸收體液。不得不這麼做，因為如果死者的鼻子在「排液」，我們絕不能讓瞻仰者見識到這個場面。棉花用來對付闔不上的眼皮也很好用：我們會在幫遺體闔眼前拿非常小片的棉花放在眼睛裡，它的摩擦力可以避免漿液豐富（滑溜）的內眼瞼膜滑回眼球上方。我知道，我知道這聽起來不太讓人開心，但是瞻仰結束後，棉花就可以拿掉，不會造成任何傷害。眼球還是可以摘取去做角膜移植，玻璃體也仍可供抽取。

相對地，防腐技師所使用稱為「眼蓋」的工具，就是一種塑膠製的半球面，其上覆滿小刺，會鉤進眼瞼皮膚裡、強迫眼皮閉上，永遠無法移除。我們以最少的干預盡最大的努力，最終，這會讓死者呈現自然的「遺容」，我們的行為都不屬於永久性或侵入性。這就是我們身為APT的信念原則。

既然我們的空間、時間和設備都如此有限，那麼為何要由我們來辦理遺體瞻仰呢？有時候單純是為了讓死者能在進行驗屍前得到指認——這也是我們盡量不改變遺體臉部狀況的另一個理由：我們需要讓死者的臉在指認者看來是熟悉的。另外有些時候，則是家屬、朋友或伴侶實在需要先看過往生者、需要認知到他們所愛的親友已經過世了，才有辦法往前走，著手處理葬禮事宜和行政文件。所以，我們不可能建議他們等到死者送至葬儀社才做瞻仰，因為如果沒有這個確認步驟，根本無法辦理葬禮。我們必須幫助某些人渡過面對親友死亡的否認階段，特別是在死亡突如其來的時候。

* * *

在塔倫提諾（Quentin Tarantino）一九九四年的電影《黑色追緝令》中，主角文森與朱爾斯替黑幫老大華勒斯找回了一個手提箱。當手提箱被密碼打開，觀眾只見一道金色微光映在文森臉上，卻無法看到箱裡的內容物：是金塊、小型核子裝置、貓王的金西裝，還是別的什麼？流傳最廣的理論認為箱子裡裝的是華勒斯賣給魔鬼、但事後索討回來的靈魂——這個理論的根據是手提箱的密碼「666」，以及全片到處出現的聖經段落，出自博學又虔誠的殺手朱爾斯之口。

某天早晨，文森的經歷也發生在我身上。我打開聖馬汀醫院的其中一個冰櫃，然後全身沐浴在一陣柔和的銀光裡。這十分不尋常，因為放置遺體的冰櫃並不像我們家裡的那種冰箱，內部沒有方便你在黑暗中伸手進去拿點心的照明燈光。冰櫃內部永遠是暗的。我困惑了片刻，對著那道光芒眨眼，心想，「我看見靈魂離體了嗎？那是守護天使嗎？這一切是『真的』嗎？」但最終我的眼睛調適過來，我發現那道光是從一個白色屍袋裡發出的。我興致勃勃打開那個屍袋，在裡面發現一支手電筒，少了遮蔽之後，光線強了許多。有人把打開的手電筒放在屍袋裡跟死者一起過夜。

「**那個**到底是啥？」我突然聽見有人說話。蘿希是一位年輕而精神飽滿的APT，有著我見過最令人欣羨的身材。她在冷藏室裡走到半途，同時正對我們的新訓練生凱曦教授測量與檢查遺體的流程。她看到了那道光，開始朝我走來，叫凱曦「把登錄本拿來好嗎？」

「是一支手電筒，但我不太確定它怎會在這。」我一面說著，一面絞盡腦汁思考它出現在此的可能原因。在成為APT的養成過程中，極為重要的一部分是我們必須學習多種不同宗教的內涵，以及它們各自的往生習俗，這樣才能尊重不同背景的家屬。這也是為什麼幾年下來，我愈來愈熟悉各種處理方式，自己也開始探究關於宗教與存在的問題。這似乎是在這項職業的一部分，是個每天都會出現的課題。現在我身為資深技術員，如果無法對其他同事解說這項奇異稀有的往生儀式，會挺沒面子的。所以，腦中的資訊逐漸清晰時，我鬆了一口氣。

「凱曦，登錄簿上有沒有說這個人是瑣羅亞斯德教徒？」我只想到兩個可能的理由來解釋這支手電筒的意外出現，瑣羅亞斯德教是其中之一。

「上面什麼也沒寫，」她說，「為什麼妳會想到這個呢？」

屬於帕西人或波斯人後裔的瑣羅亞斯德教徒，擁有全世界最有趣且繁複的往生儀式，亦即著名的「沉默之塔」。由於瑣羅亞斯德教信徒相信腐爛的屍體會污染元素（特別是土和火），在印度，他們傳統處理屍體的方式是將死者棄置在塔樓上進行「除肉」，通常是藉由禿鷹來完成。一年過後，這個手續會讓遺體只剩被陽光曬得漂白的骨頭，最後推進塔樓中央的公墓堆裡。（新石器時代的人類出於類似的理由而有葬禮食人的習俗。當時認為吃下死者的遺體比掩埋或火燒更能表達敬意——是個「進去總比出來好」的案例。）

現今的英國並沒有這樣的塔樓，所以瑣羅亞斯德教徒通常選擇火化，並將骨灰撒在一個對他們有特殊宗教意義的地點，例如薩里郡的布魯克伍德墳場某處。布魯克伍德是全英國最大的墳場，創立於一八五二年，特別配合「亡靈鐵路」將倫敦的死者運送到城市外圍。當時，城裡屍滿為患，活人走在路上還會被屍體絆倒。令人不敢相信的是，亡靈火車的棺材車票還分頭等、二等、三等——當然，都是單程票。

瑣羅亞斯德教的儀式中常出現火，但不是作為火化遺體的常見用途，所以有些人稱他們為「拜火教徒」。有些資料指出，人死後得點起一把火，維持燃燒三天。我猜這支手電筒就是火焰的某種替代品，必須保持開啟，在接下來幾天中陪伴死者。我將這些解釋給兩個女孩聽，並補充道，「而且，瑣羅亞斯德教還有兩種聖衣：聖服和聖索，」我把屍袋打得更開，然後說，「妳們看。聖服是指神聖的上著，例如白色的背心，象徵純潔和新生。聖索是綁在腰間的長繩，用七十二股線編成，代表他們聖書中的七十二章。」這兩項物品都出現在死者身上，所以這個謎團應該是解開了。

我把屍袋關上，讓手電筒保持開啟，而蘿希說，「這有點像錫克教的『五事』，對不對？」

「沒錯，挺像的。」我同意。她指的是錫克教中的五件聖物：鋼手鐲、蓄留的長髮、短劍、短褲和木梳。「如果妳可以告訴我『五事』是指哪五件東西，我等一下就請妳喝酒。」我向凱曦眨眨眼，她看起來相當困惑。顯然，她完全不知道我們在講什麼。身為訓練生，她的旅程已經開始，很快就會學得跟我們一樣多。

＊＊＊

我以前也看見過跟死亡有關的光，不過是在不同情境下。在猶太教傳統中，死者直到葬禮前都不能被單獨留置：遺體周圍會點滿蠟燭，死者應該隨時有人陪伴，以示敬意。這些守衛或是守靈人稱為shomerim，他們的行為類似於那些奉行「永恆敬禮」的教徒，在有人來接班以前，他們都不會離開死者身旁。這是個美好的概念，但是在現代就顯得不切實際。

很不幸地，當猶太教徒死後被送來停屍間，他們會跟其他人一樣待在冰櫃，以延緩自然的腐敗進程。然後運送員就會離開，將冰櫃間鎖上。他們不能讓死者的家屬待在關起門來的陰暗冰櫃間裡，因為裡面有眾多其他過世的病人，以及許多私人資料。傳統於是做出了妥協，化身為一盞夜燈，我看過有些停屍間只要舉辦猶太教的遺體瞻仰，就會把夜燈插在瞻仰室的插座上，然後當死者送回冰櫃時，就改插在冰櫃間。

除此之外，猶太教也禁止任何形式的解剖驗屍，因為他們偏好讓屬於死者的東西都留在遺體上。但如果基於法律因素必須驗屍，我們就得盡量依照猶太教的原則進行。以器官來說，這通常不成問題——如我先前解釋過的，器官通常都不需要另外保留。但是體液就困難多了。我曾經小心翼翼進行這樣的驗屍，旁邊有拉比甚或死者家屬監視著。我窮盡各種努力，讓器官剜出過程中連一滴血都不灑出來。如果真的有血滴落在遺體身上或屍盤上，我會用濕衛生紙或棉花吸起，然後立刻放回體腔內。絕不能把它用海綿擦掉或是沖下排水孔。病理學家也會盡量不製造出混亂場面，這真是個重大的啟示！原來他們不製造出一片血海，也能完成解剖——誰想得到呢？

對於穆斯林，我們則有漆在瞻仰室地板上的指南針，或是貼在牆上的標示，讓他們能將死者指向麥加的方向。對於某些非洲信仰，我們會允許大群哀悼者同時進入瞻仰室。他們會帶來蘭姆酒，在地上灑一點，有時直接舉起酒瓶來喝，還遞酒給我們。我們非喝不可——在這種時候拒絕是極為粗魯的行為。那些經驗可真是很棒的遺體瞻仰啊。

我們有個抽屜裝滿各種不同的宗教典籍，以供不同信仰的家屬使用，包括猶太教、巴哈伊教、印度教等等。因此，看到電視和電影總是選擇用極為老套無趣、大眾都熟悉的方式來呈現「遺體瞻仰」的情節，令人感到無比挫敗。想像看看這個場景。死者的家人或朋友被帶到「太平間」來看他。他們被帶進一個潔白無菌或是不鏽鋼打造、充滿冰櫃門的空間，然後來到特定的一扇門前。在那裡，工作人員打開一扇門，咻地一聲推出一個屍盤，以動作示意，並問道，「這是他嗎？你們有一分鐘時間。」或是類似的臺詞。

我們在英國不是這樣進行儀體瞻仰的。如我先前所說，冷藏室，或遺體室，禁止一般民眾進入，所以我們大費周章，讓家屬可以在更舒適而熟悉的環境下見到死者。

我一在利物浦受訓完成，就加入一個夜間輪值系統——每隔三週就有個噩夢般的星期，我到哪裡都得帶著呼叫器，就算是去健身房、洗澡、上廁所都不例外。但這有很好的理由，這是為了應付緊急狀況，例如幫助急著看剛過世子女的家長，或是協助因為宗教因素必須在二十四小時內下葬的案件。雖然我們提供這樣的服務，但有一天早晨，我們發現前天晚上有一名年輕男子被帶進了停屍間。由於事情發生得很突然，他的父母合情合理地想要看看他。然而，殯葬員沒有利用我們的輪值服務和呼叫系統，反而把處理遺體瞻仰的工作攬到了自己身上。

「能有多困難呢？」你幾乎可以聽到他們的思考過程，「我們在電視都看過他們是怎麼做的。」

於是，他們把死者的父母帶進冷藏室，然後拉開一扇白色大門。但因為每個區塊都分成數層、同時放置好幾位死者，他的父母便不得不同時看到了四雙陌生人的腳。然後，死者以戲劇化的華麗動作被拉出來（咻咻）、屍袋拉鍊打開（唰唰），他們就看到了自己的兒子。

他剛因腦膜炎而猝逝。

他只有十九歲。

如果有我們這些受過訓練的人員在，那對家長就不需要經歷這一切了，至少我們可以利用相對舒適的瞻仰室，讓過程中少一點創傷。這真是個不經大腦、毫不體貼的行為，都是電視上的刻板形象惹的禍。

* * *

雖然我知道那天我並沒有真的看到靈魂離體，但那無法讓我停止思考靈魂。在我擔任 APT 的最後一年，發現自己愈來愈常思考生命與死亡，以及生死真正的意義。並不是說我真的在考慮出家成為修女，或是相信人死後有來世，而比較是關於尋找自己的幸福，以及我真正的人生道路。

我從小就為了進入死亡相關行業而勤奮努力，到目前已經累積了八年的職業生涯，所以想像以後要去做別的事是很嚇人的——但我想到了佛教徒，還有他們如何相信萬事皆有變化。就像每個人的人生旅程一樣，我的旅途也有高峰與低谷。途中有過障礙：我遇到的某些人或許讓我失去了一部分對這份職業的熱忱，我曾經完全沒有時間實現創意方面的追求，我後來才理解那對我有多麼重要，而且我又像初抵倫敦時一樣感到脆弱無助。

我時常懷疑自己。我到底在**做什麼**？我到底**想要**什麼？我究竟還想不想住在倫敦，或者應該搬回家？我在停屍間工作的幾年來，一切沒有多少進展，沒有改變。丹妮絲搬出了我們的套房，所以我又得跟陌生人同住一個屋簷下。我恢復單身，而且還是沒有親近的朋友可言。即使遇到的案件、病理學家或殯葬員有所不同，每個日子總歸都是一成不變。

許多人都將「所謂愚不可及，就是一再做相同的事情，卻期待不同的結果」這句名言歸功於愛因斯坦。這話是否真的出自他口中還有爭議，但涵義是相當真確的。如果我不做點改變，一切能有什麼變化？也許我可以把靈魂賣給魔鬼，換取我做夢都想不到的才華與財富。也許我可以賺到足夠的錢，遊遍南美洲和東南亞？但問題是，我不相信有魔鬼，而且我也沒有耐心儲蓄好幾千鎊。

所以我做了一件我所能想到最戲劇化的事。雖然我始終想在停屍間工作，雖然我為了這項職業投入了多年的志願服務和工作時數，雖然我整個人似乎都是由工作所定義的，但我就是知道有些事情必須改變。

我辭職了。

＊　＊　＊

然後，我住進一間修道院，因為我渴望平和與安靜。我渴望一段能脫離痛苦的時間，也脫離那個造成我痛苦的男人，以及那些與我朝夕相處、卻讓我想起那份痛苦的人們。

總的來說，我想脫離其他人。我想在孤獨中認真思考我的下一步，免於上百萬件其他事物的干擾：地鐵站的廣播；路上那間清真肉鋪的老闆，他總是在我狀態糟得只想推開他往前走時決心跟我攀談；我那些喝醉了就會在深夜傳簡訊給我的前男友，甚至還有擔心我會發瘋的家人。但我沒有發瘋——我很清楚自己在做什麼。

我第一次擁有完全的自由，可以休息、可以沉澱自己的思緒。我要是很有錢，就會去做健康SPA，也許全身塗滿昂貴油脂接受按摩、泡在浮水池裡幾個小時、透過瑜珈深呼吸的時候，能夠「發掘自我」。但我並不富有，而且我也不想要那樣的人際互動。我只需要傾聽自己。我研究了幾個星期後，發現可以每天只花二十鎊，就跟修女們住在一起。在我「失業」將滿一個月時，我成了修道院的房客。

看過電影《泰德神父》①或是《修女也瘋狂》的人都會以為住進宗教機構是喜劇般的情節。我的經驗不是放諸四海皆準，但對我而言，**確實**是那樣。我玩得可開心了！我有自己的小房間，房裡有一扇窗戶、幾件家具、我愛不釋手的電暖器，還有牆上的十字架。大概就這樣了。

修女們遵循「時辰禮儀」，或稱「時辰禱告」，以頻繁的敬拜區分一日中的各個時段。第一個是我在早上五點三十分看到的夜禱，其他還有：

晨禱　早上七點
彌撒　早上七點半
第三時辰　早上九點十五分
第六時辰　中午十二點十分

①譯注：《泰德神父》（*Father Ted*）為英國情境喜劇，於一九九五到一九九八年播出，以小島上的三個神父為主角。

第九時辰　下午三點十五分
晚禱　下午四點半
睡前禱　晚上八點十五分

用餐也要遵照時間表：早餐是早上八點十五分，午餐是中午十二點半，晚餐是晚上六點十五分。但我可以自由做自己想做的事。我可以參加敬拜，也可以不參與。我可以每餐都吃，也可以完全不吃，或者自己泡茶和咖啡，想吃多少餅乾都行。我在他們那間驚人的圖書室裡待了頗久，甚至發現了一本我最喜歡的作品——但丁的《神曲：地獄篇》的一九〇三年版本。我發現圖書室外有一間小小的前廳，裡面有爐火和兩張搖椅，我就在那裡寫作。我寫下了這本書的構想、我也許會公開發表的網誌文章、一份死前要完成的心願清單，以及其他。

他們那裡甚至還有個宛如《泰德神父》裡道爾太太化身的波蘭女孩，名叫伊麗莎白。每晚九點左右睡前禱過後，她知道我要睡了，就會端上一杯好立克或阿華田到我房裡。過去不管在哪裡，我對熱麥芽飲都興趣缺缺，但是在修道院裡似乎再合適不過。散發平和感的溫熱奶類飲品，還有徹底的靜默組合在一起，充滿了撫慰的力量。我只能說，得到撫慰的是我的靈魂吧。

我過去花了那麼多年重建其他人，現在我要來重建自己了，感覺不太尋常，但也不賴。

＊＊＊

這裡的駐堂司鐸康納利神父，用餐時間通常都會出現在桌前。他來自蘇格蘭，戴著一副厚到不行的眼鏡，身上有吸過的鼻菸粉末。他的蘇格蘭腔重到我簡直聽不懂，所以當我發現他過去十六年來大多住在埃及，覺得非常驚訝。事實上，他在當地一個考古挖掘場址工作，這讓我們有許多話題可聊。

我從沒有想過自己會在修道院裡，跟一個毛衣上沾滿鼻菸的神父討論骨架遺骸。他講起他前往埃及的途中有多麼喜歡空中小姐的制服，以及他欣賞貝魯斯柯尼②多過大衛．卡麥隆，因為「他至少還有人格可言」。他前一分鐘在講下流的故事逗我

②譯注：西爾維奧．貝魯斯柯尼（Silvio Berlusconi）為義大利政治人物兼企業家，曾出任總理，行事充滿爭議性。

們笑，下一分鐘就以全然嚴肅的態度討論酷刑和殉教烈士，鼻子附近始終沾著鼻菸粉，真是有趣極了。他實在是個特別的人。

對我而言，既然待在那裡享受全套體驗，我就想盡可能多參加敬拜，畢竟我也沒有別的事好做。通常在九點半以前，我在一天中就已經參加了四場宗教儀式，真是瘋狂——那是大多數人禮拜六才剛開始考慮要不要起床的時間呢。彌撒通常是簡單的儀式，也是我唯一會走進教堂參加的敬拜。但到了星期日，儀式就盛大得多，會有三到四名訪問司鐸加入，典禮時間也更長。康納利神父的詞句像是從空中信手拈來，完全不需準備。義大利來的吉諾神父年輕可愛，長相好看到有點不適合當神職人員。年邁的派迪神父坐在祭壇的椅子上，從頭到尾動也不動。他就像一隻長著灰頭髮的小烏龜，超越了正常人的平均壽命。感覺上他好像根本不知道自己身在何方。

某天彌撒後的早餐時間，我們正討論著柳橙果醬和真正柑橘醬的差異，這時一位修女從隔壁跑來向我們所有人逐一問好。輪到幾乎無法移動的派迪神父時，她問道，「哈囉，派崔克神父，您好嗎？」片刻沉默後，他用非常微弱又帶有濃重愛爾蘭腔調的聲音回答，「還在呼吸。」

吉諾神父抱怨背痛，於是管家伊麗莎白在他吃土司時給了他一份按摩館的傳單。他疑心重重，用不輪轉的英語說，「但是如果……這個……把我殺了呢？」然後，身為神職人員，他也擔心自己會跑到「不對的」那種按摩館。康納利神父毫不意外地接話，「吉諾，只要窗戶上沒有紅燈，你就不會有事的。」

* * *

當時修道院裡還住著一個名叫瑞吉娜（Regina）的女人。瑞吉娜的字義是「皇后」，但她看起來一點也不像皇后。她的外表和行為都正好是皇后的相反，樸素而仁慈。她個子矮矮的，身材圓潤，深色頭髮，戴眼鏡，總是穿同一套像是制服的衣物。我不知道她是做什麼工作的——她遠從美國來，因為她一直很想親赴這間著名的修道院與教堂。我從她那裡得知，其實世界各地都有名稱相同、互有聯繫的修會，人們時常一間接一間地去拜訪。我好奇她是不是見習修女。

「所以，妳待在這裡的時候，打算做些什麼呢？」她有一天在圖書室問我。她從不曾問我為什麼會在這裡——沒有人會問。他們似乎知道那是我的私事，不願刺探，只想幫忙。

「我沒有明確的計畫，」我回答，「嗯，我只是想花點時間好好思考、閱讀和寫作。享受一點平和與安靜。」

「這都是好事，」她說，「但當然，妳在這裡最適合做的事是敬拜③。」

離開修道院之後，我思考了很久。「敬拜」在天主教信仰中有特定的涵義——在明供聖體前朝拜與禱告——但我在別的層面上對這個字眼有所共鳴。這也許就是我人生在世最適合做的事吧？就是去珍愛各種事物，包括我自己、我的家人和朋友、大自然、活著的每一刻，還有微不足道的事物，像是早晨的新鮮咖啡香、賴床時打在窗戶上的雨點聲、跑步後飆升的腦內啡。我們都把這些事物視為理所當然，但唯有當我們理解到「在世」的時間多麼短暫，才能夠好好地欣賞它們。

我一直說我要在修道院「花時間思考」，我確實做到了。我明白了我一直沒有時間消化我這瘋狂人生中發生的種種，也許其他很多人也是這樣吧？我一直以為，我在縫合遺體或清理停屍間水槽排水孔時進入的「禪境」就已經足夠，我以為排班之間的安靜空檔就足以讓我完全理清思緒。但那還不夠。我只是在將每一天發生的事情同化。我跟自己的處境之間沒有足夠的距離讓我沉思。

我回想起我的第一個停屍間主管，安德魯。他是如此嚴肅。他執行的驗屍工作非常少，只參與特別有趣的案件，搞得當時身為訓練生的我總是分身乏術，對他相當不滿。到了現在，幾年過後我才了解，能夠每天處理驗屍、單獨面對混亂狀況，是多麼美妙的經驗。我在市立停屍間的三年時光中，學到的東西與努力工作的程度，遠遠超過許多其他 APT 的十年份量。

還有大都會那些令我反感的男同事。也許他們只是不習慣在工作場合應對女性，無法表現出我認為適切的舉止？或許是我不假思索做出了改變人生的戲劇化決定、突然搬到倫敦以後，變得太過敏感了。我的家庭醫師在我倫敦爆炸案的工作之後跟我說，我得了創傷後壓力症候群，雖然我當時只是因為流感和唇疱疹去看病。「我怎麼會因為做了從小就夢想的工作而得到 PTSD 呢？」我當時心想，「特別是我參與了這麼重要的案件？」但也許他說對了。待在首都的那兩個星期中，我睡眠不足，隨時得接受媒體的檢視，而且處在其中一場我們平生所見最大規模的恐怖攻擊事件的中心。也許，回到倫敦再次跟丹尼與克里斯共事，在我不自覺的狀況下，讓那些回憶又重新浮現了？

我回想起聖馬汀醫院，當我發現自己在那裡做的行政工作比驗屍還多時，甚感不悅。當時我沒有察覺，所有那些管理經驗、辦理葬禮和瞻仰的能力，讓我在日後謀求其他工作機會時能夠立刻上手。我覺得我的女性同事在我流產後的脆弱時期不夠支持

③譯注：原文為 adoration，在天主教體系中指崇拜上帝的儀式，但用在一般語境時，字義是「珍愛、讚賞」。

我，因此深感受傷，但也許那並不是針對我？也許她們從來沒有了解到事情的全貌。

我現在終於可以站在夠遠的距離外，從不同角度看待這些事件。然後我放手讓一切煙消雲散。

我從對湯瑪斯和蒂娜（他們是一對婚姻美滿的葬儀專業人士）兩人關係的觀察中，找到了靈感，做出一件前所未見的創舉：設立一個專供往生事業專業人員使用的約會交友網站。我媽媽幫我想到了網站名稱：「死亡約會」。我知道這個行業裡有些人覺得這很不吉利，有些人則覺得好玩極了。但總之，我現在踏上了屬於自己的道路。靈感從四面八方而來，我到了此刻才了解到，就像人家常說的，一切事情的發生都「其來有自」。不管命運把我推往哪個方向，我都願意順著走。

我開始寫網誌，公開發表我對往生事業、死亡理論以及公開展示人類遺骸的論述。我接觸最新的學術研究，甚至發現我的利基研究領域是解剖學展示和性欲凝視之間的奇妙關聯（也就是性與死亡的連結），並開始攻讀碩士學位。我的人生開始繁盛開展：這次不是像牽牛花，也許還沒有找到陽光，而更像是一句我在修道院裡長時間閱讀的書中最令我喜愛的引言：在《神曲：地獄篇》中，但丁終於逃離冥府，詩篇的結尾是：「一出來，再度看見了群星。」

＊＊＊

生前為人所愛的死者所處的瞻仰室是神聖的，不管它的名稱是不是安息禮拜堂，或單純只是個房間。此時的這個空間不同於它閒置的時候，還有個像我一樣疲累或抑鬱的 APT 在裡面睡覺。教堂裡不管有沒有儀式舉行，都是個不容你罵髒話或是搗亂的地方。一具人類遺體不管是命喪於意外或是自然死亡，都應該得到相同的尊重。任何事物都可以是神聖的，只要我們願意那樣看待它。

不論我學過多少關於宗教的知識，那都不是我待在修道院的原因。我在那裡學到了「敬拜」和「默觀」的意義與價值，我在那裡經歷了象徵意義上的死亡，並且明白我還是想要活下去。我在那裡再度看見了群星。

終章　給天使的那份酒

沒有什麼事比在星期一早晨走進我的博物館辦公室更撫慰人心了。扛著袋子爬了一段石造階梯之後，我拿出沉重而熟悉的鑰匙，打開門，進入我第二個家，感覺真好。我推開窗戶、打開燈，發出一聲滿足的嘆息，然後將外套掛好，四下看看。辦公室裡有兩個塑膠人頭與我相伴，原本是給醫學生練習心肺復甦術用的。他們雖然被斬了首，臉上卻還是CPR假人常見的那種滿足狂喜表情：眼睛半閉、半帶微笑，彷彿藏著只有他們自己知道的祕密。

其實，所有的CPR假人都擁有同一張臉，因為它們都是以同一個人為製作藍本，L'Inconnue de la Seine——一名陳屍塞納河的無名女子。該名女子的身分從未查明，據推測是在河裡溺死的。一八〇〇年代，她在巴黎這條著名的河川裡被尋獲，遺體在巴黎太平間展示。一位著迷於她的病理學家以石膏為她塑製的死亡面具，自此成為二十世紀以降，一般住家中頗受歡迎的壁掛藝術品，就像你在一九七〇年代常看到牆上掛著的那三隻飛翔的鴨子。一九五八年，她被用來製作CPR假人安妮的臉部，這個傳統延續至今。

我的辦公室裡也有一隻貓的骨骼標本——是某個同事送的禮物——還有一條巧克力脊椎骨，以及一架子眼窩空洞的人類頭骨，等著編目建檔。我身邊圍繞著各種不同風格、形狀和口味的人體部位，所以我不孤單，當然也不寂寞。沒有辦公室的同事會探問我的週末活動，代表我不需要對任何人承認我都在看《推理女神探》（*Murder She Wrote*）馬拉松連播。我要去幫法式濾壓壺補充新鮮咖啡豆時，我知道咖啡豆一定還在冰箱裡的原位，因為這裡沒有人會來擅自取用。如果我要打開木壁爐裡的人造爐火，也不需要顧忌有人抱怨室內太熱。在冰寒刺骨的停屍間裡工作了八年，我現在對熱度有著瘋狂的愛好，興奮於終於能夠控制自己所處環境的溫度。

雖然我辦公室的牆壁顏色是一種奇怪的鮭魚粉，櫥櫃裡放滿了我不敢亂動的東西，深怕積了二十年的灰塵會害我氣喘發作，但這裡是我的小小樂園。我想，沃夫（Evelyn Waugh）在《被愛的人》（*The Loved One*）一書中說到那位將寵物火化的主角丹尼斯時說得最好：「他在寂靜的世界邊緣，體驗到一種平和的喜悅。」和死者一起工作使我身處正常人類經驗的邊緣，但那不一定會帶給我創傷：現在我的寂靜世界邊緣充滿了咖啡香、四〇和五〇年代的音樂，還有五千多件局部遺體標本，全都確確實實地變成碎片但安息了。

巴特病理學博物館不是停屍間，但我在現代死亡處理場所最前線的八年經驗，還是帶我來到了這裡，來到這四面高牆包圍的神聖之地。聖巴賽羅穆醫院是全歐洲在同一地點營運最久的醫院，它從一一二三年起就屹立在倫敦的西史密斯菲爾德（West Smithfield）。這間醫院最初是由修士華西亞（Rahere）所創立的修道院，後來建築物逐漸擴建，有了額外的空間容納病床、醫學院、研究機構等等。

十七世紀時，哈維（William Harvey）就是在這裡進行他先驅性的循環系統研究。也是在這裡，十八世紀的帕特（Percivall Pott）提出現代醫學研究中的多項重要原則，並證明特定種類的癌症可能是由環境中的致癌物質所導致。十九世紀晚期，芬威克（Ethel Bedford Fenwick）則在這裡創立了由國家認證的護理工作證書制度，使得這項專業更加精進。由於這間醫院擁有如此豐富的歷史，每一次的建築修繕工事都會挖出一堆又一堆深埋地下的人骨，有些已經埋了一千年之久。

巴特醫院也是福爾摩斯和華生醫生在系列小說裡初遇的地點。甚至有人說柯南·道爾正是在我這間辦公室裡寫出《血字的研究》的。現在我非常榮幸地成了這部輝煌歷史的一份子。身為復古衣著、古典偵探小說與各種古董的愛好者，我想像不到我還有什麼更好的去處。

我在巴特醫院上班的第一天是二〇一一年十月三十一日，很湊巧地是萬聖節，許多人都會覺得像這種充滿解剖標本和骷髏的地方非常陰森恐怖。萬聖節原本是薩溫（Samhain）節慶，作為榮耀死者的慶典，而這間博物館正是個榮耀死者的地方。我並不覺得這間博物館有比教堂更陰森。

事實上，就如同教堂，這間醫院附設的維多利亞風格博物館是個神聖的庇護所。三層樓高的波特蘭石建築擁抱著一排又一排、猶如虔誠會眾的標本，脆弱玻璃製成的燈籠形天花板則為它們抵禦英國變幻莫測的天氣。六盞銅罩大燈像油燈一樣從屋梁上垂掛下來，而前方的「講道壇」——講臺——則是眾多優秀的講者以迷人的「布道」啟迪上千名訪客的地點。這是一間建造來保護聖物的教堂，也致力於和會眾分享知識，例如關於疾病的歷史、診斷和治療的知識。

盧坎（Lucan）寫於公元六一至六五年的《法沙利亞》（*Pharsalia*）是一部關於羅馬內戰的史詩，其中許多篇幅描述了恐怖的死靈法師與女巫艾莉克索的活動。艾莉克索被描寫得恐怖又噁心，髒亂枯槁，皮膚白如骸骨，頭髮黑如深夜。據說她住在廢棄的墓塚中，能與屍體溝通，連野狼和禿鷹都躲避她。但若說到使死者復活，她的能力無人能及，所以政治家和軍閥紛紛尋求她超自然能力的幫助，包括正在與凱薩的勁敵戰鬥的小龐培將軍。

在一個詳盡敘述的段落中，艾莉克索使一具新鮮的屍體復活，並命令它預言未來。在一場掘出屍體的魔法儀式之後，她切開屍體的體腔，在其中填滿污穢但充滿魔法的混合物，於是——

凝結的血立刻溫暖起來，流過黑色的傷口，流進血管和四肢。冰冷胸口下的器官一碰到血液就開始顫動，生機重新鑽進這具已經遺忘生命的軀體裡，與死亡合而為一。

* * *

雖然我對工作充滿熱忱，但我並不會到處挖出屍體、試圖跟他們進行討論。但某些程度上，我在博物館扮演的角色與此具有相同的性質。我的目標就是隱喻性地讓死者復活，以再次聽見他們的故事，甚或解讀他們對未來的預言。

我在巴特醫院的每一天都跟在停屍間工作時相當類似。我當APT的時候透過目視和觸摸來「解讀」死者，像是點字一樣，然後建構出他們生命結局的故事。我解讀羊皮紙般的皮膚上的瘀傷、疤痕、刺青和醫療干預痕跡，幫助病理學家描述出死者在世的最後時刻，並判斷死亡原因。而在這間博物館裡，如同艾莉克索把沉默的靈魂放回萎縮的肉身中，我試圖為每個人建立屬於他們的敘事，讓他們脫離原本的醫學領域，進入歷史、公共衛生、文學和藝術的交會空間。不管是一歲或是一百歲，每個人都有故事可說。

在我獲選為唯一的職員以前，這間博物館已陷入年久失修的窘境，多年來只有醫學生和醫生使用。一開始，我的主要任務是清點檢查整整五千件解剖標本，並依需求進行修復、清潔或重新布置。因為人體組織管理局並未管理超過一百年的人類遺骸，我首先得將標本罐的編號與日期和目錄逐一核對。如果超過一百年，就可以把它們帶到一樓，安排對一般大眾展示——這是博物館歷史上前所未有的事。

這些標本的歷史開啟了一個全新的世界，其中充滿了後世少見的病理徵狀，這讓它們的地位顯得更加獨特。例如「煙囪清掃工陰囊癌」，顧名思義，這種疾病發生在這項特定職業的男性身上。這是一件令人難過的史事，在十八和十九世紀，許多年輕男孩被迫一絲不掛地清掃煙囪，而由於陰囊皮膚皺摺較多，煙灰容易積在縫隙裡。最後，當這些男孩進入青春期，陰囊處就會長出類似疣的腫塊，常被誤以為是性病。他們會用刀子或銳利的木片試圖把疣「刮掉」。但他們的嘗試是無用的，最後疣會擴大到遮蓋住一大片皮膚，因為那其實是惡性腫瘤。

這個致病關連是由巴特醫院的外科醫生帕特發現的——他是發現癌症與特定職業

之間有關係的第一人——他也因此成了工作安全衛生法的始祖。我們的館藏中有三件這種陰囊標本，上面的每條皺摺和恥毛都清晰可見。雖然這些標本是脫離死者身體的零碎物，但罐中標本旁的故事讓它們變得完整。它們不是客體，而是擁有繽紛精采故事的主體。當你讀到關於它們的記載，檢視皮肉上的每一道痕跡，就會感受到充滿人性的故事。

對我來說，每件標本都像是一場來自過去的驗屍。我現在仍然一如往常地閱讀人們各自的歷史，但這些材料不再是由地方驗屍官送來，我得自己將他們從歲月中挖掘出來。

我們的工作團隊開始舉辦活動，博物館也逐漸聲名遠播。除了作為研究基地，也擁有豐富的資源，創造一個讓公眾與病理學領域交會的空間。突然之間，我的每天都過得不一樣了，我開始接到各種不尋常的邀約：一位知名服裝設計師想在博物館進行拍攝；某個藝術家想在我們美麗的展覽間展示作品；重搖滾樂團想要在標本之間錄製特別的原音演唱。這間博物館就像我自己一樣重生了。

＊　＊　＊

有一天早上，我啜飲著咖啡時電話響起，我接起來說，「病理學博物館您好。」

（我花了好久才讓自己不再說「停屍間您好。」）

電話的另一端來自一個在媒體辦公室工作的女人，她的興奮之情溢於言表。「喔我的天啊，妳知道有誰想來參觀嗎？」她還沒給我機會回答，就尖叫道，「是布萊德利．庫柏（Bradley Charles Cooper）！」

我沉默了一分鐘後才說，「嗯，好的。」家喻戶曉的好萊塢明星兼萬人迷，布萊德利．庫柏？我想我應該可以替他安排，但我這裡還有一顆心臟要重新裝罐，一顆腎臟漏得二樓到處都是，而且我又在櫥櫃裡發現一個子宮，得要在目錄上把它找出來……

不過，花一個鐘頭跟布萊德利展示標本、喝喝咖啡，應該還是不錯的啦！都只是日常工作而已。

誌謝

首先我要大大感謝超棒的經紀人蘿蘋・卓里（Robyn Drury），她發現了這塊樸玉的潛力，讓它綻放光芒——這說的不只是這本書，也是**我**。我還要感謝黛安・班克斯事務所（Diane Banks Associates）團隊的支持。

感謝利特布朗（Little, Brown）的工作團隊相信這本書的價值，讓它成真。在這本書的誕生過程中，他們就是助產士，如果沒有他們指引我的每一步，告訴我何時該「深呼吸」，並象徵性地為我拭汗，我絕對做不到。特別感謝我的編輯史密斯（Rhiannon Smith），她用上了所有找得到的《駭人命案事件簿》（*Midsomer Murders*）試圖激勵我。沒錯，我就是對這種激勵有反應。也謝謝史彌司（Jack Smyth）製作的美麗書封，我很樂意讓這本書被以貌取人！

我要獻上特別的感謝與全心全意的愛給我不離不棄、耐心無限的未婚夫，瓊尼・布萊斯（Jonny Blyth），我生命的磐石。他也許已經厭倦了我不斷重複「我不能去看電影——**我得寫書！**」和「我不能去烤肉——**我得寫書！**」但現在書已經出來了，我相信他也感覺像個驕傲的父親。理所當然，因為如果沒有他，我不可能辦到。

我的家人很習慣我這個一次做太多事的瘋子，但是這次我一邊寫書一邊忙各種事情，真是讓他們擔心得半死。感謝我母親柯蕾特（Colette），還有我的弟弟，萊恩（Ryan），他們總是在電話另一頭或是車站前等著我，在我實在無法承受負擔、需要北上返家享用一堆撫慰人心的高熱量食品（還有好酒）的時候。

無限感激勒斯與布萊斯（Les and Margaret Blyth）的愛與仁慈。謝謝你們收養我這隻流浪動物，如此支持我。

我不知道如果沒有隆恩（Kathy Long）我該怎麼辦。她是我的導師、角色模範和神仙教母，總是在我們最喜歡的倫敦餐廳裡，就著一瓶普羅賽克氣泡酒傾聽我的心事。

大力感謝那些幫助我走過這段路程的朋友，即使他們不知道自己幫上了忙：洛爾（Heather Lower）、湯瑪斯（Emma Thomas）、宏畢（Joanna Hornby）、休斯（Kerry Hughes）、邦德（Georgina Bond）、奈桑（Debbie Nathan）、高許（Hannah Gosh）、佛洛德（Helen Flood）和藍里（Jane Langley）。我希望我沒有漏掉任何人，不然他們會把我**殺了**，而且他們之中有很多人知道要怎樣才能逍遙法外！

專業方面，感謝柏特（Christian Burt）和 AAPT 其他成員告訴我更新的程序。也感謝威廉斯博士，她是我的人類學老師，如今正在為英國的人體農場奮鬥，她總是樂於討論各種人體部位。感謝伍沃德（Toni Woodword），我的眼球摘除術老師，她總是樂於討論眼球。

一本書就像一具人體，是由許多不同部分所組成。我想要感謝社群媒體上每個在艱困時期追蹤我、支持我、鼓勵我的人。感謝有你們，這一個個部分才能夠組合完成，讓這本書鮮明起來，**活生生的！**

參考書目

序篇——第一次操刀

● Fisher, Pam, 'House for the dead: the provision of mortuaries in London, 1843-1889,' *The London Journal*, 34 (2009), 1-15

01 資訊——萬惡的媒體

● Dick, Philip K., 'How to Build a Universe That Doesn't Fall Apart Two Days Later' (1978)

● 湯瑪斯．林區，《死亡大事》，好讀，二〇一五年

02 準備——悲傷的相會

● 邱吉爾（Winston Churchill），七十五歲生日致詞，一九四九年。

03 檢驗——以貌取人

- Neruda, Pablo, 'Ode to a Naked Beauty/Beautiful Nude'
- Gale, Christopher P. and Mulley, Graham P, Pacemaker explosions in crematoria: problems and possible solutions,' *Journal of the Royal Society of Medicine* (2002), 95(7): 353-355
- Philips, A. W., Patel, A. D. and Donell, S. T., 'Explosions of Fixion(R) humeral nail during cremation: Novel "complications" with a novel implant,' *Injury Extra* Volume 37, Issue 10 (2006), 357-58
- 瑪麗．羅曲，《不過是具屍體》，時報出版，二〇〇四年
- Richardson, Ruth, *Death Dissection and the* Destitute, Routledge (1988)
- Davies, Rodney, *Buried Alive*, Robert Hale (2000)

04 難搞的腐屍檢驗——低俗小說

- Goll, Iwan, (1891-1950) 'Teenage Angst': Placebo, Sony/ATV Music Publishing LLC, 1996. By Brian Molko, Stefan Olsdal and Robert Schultzberg
- Quigley, Christine, *The Corpse: A History,* McFarland and Co., (1996)

05 穿刺——玫瑰農莊

- Attar, Farid ud-Din, (c. 1145-c. 1221), The Conference of the Birds
- Shillace, Brandy, *Death's Summer Coat: What the History of Death and Dying Can Tell Us About Life and Living,* Elliot and Thompson, (2015)
- 許爾文．努蘭，《死亡的臉》，時報出版，一九九五年
  'When masturbation can be fatal: The practice of auto-erotic asphyxia is often concealed by a coroner's verdict,' Monique Roffey, The Independent (1993)
  http://idn.pn/29wIbqB
- Bronfen, Elizabeth, Over Her Dead Body, Manchester University Press (1992)

06 胸腔——家不是心之所在

- Autumn, Emilie, *The Asylum for Wayward Victorian Girls*, The Asylum Emporium (2009)
- Coronary Heart Disease Statistics: http:// bit.ly/1VkqriW

07 腹腔——罐頭嬰兒

- 'In Bloom,' Nirvana, Warner/Chappell Music Inc., BMG Rights Management US LLC, 1991.

By Kurt Cobain

- 喬安娜・埃本斯坦，《解剖維納斯：腐壞與美麗，一百五十具凝視十九世紀死亡迷戀以及遐想的永恆女神》，麥田，二〇一七年

08 頭部——腦袋不保

- ‘Break the Night with Colour’: Richard Ashcroft, Kobalt Music Publishing, 2006. By Richard Ashcroft
- Collins, Kim A, ‘Postmortem Vitreous Analyses,’ Medscape (2016)
- Maning, Frederick Edward, *Old New Zealand* (1983)

09 零碎遺骸——拼拼

- ‘Bitsa,’ BBC, 1992. By Peter Charlton
- ‘Genitals Stolen in Morgue,’ Mervyn Naidoo, BBC, 7 June 2015 http://bit.ly/2mblLQ
- ‘Decomposition Rats Between Humans, Pigs May Vary Wildly,’ Seth Augenstein, Forensic Magazine, 5 March 2016 http:// bit.ly/2lJnD2q
- ‘Body parts left over from operations should be used to help police dogs,’ Martin Evans,

The Telegraph, 3 February 2016
http://bit.ly/1NPLShV

10 遺體重建——所有國王的人馬

● 史蒂芬・霍金，《圖解時間簡史》，大塊文化，二〇一二年
● Bones without Barriers: http://boneswithoutbarriers.org
● 'What You Need to Know About Skin Grafts and Donor Sit Wounds,' Pauline Beldon, Wounds International
http://bit.ly/2lJd5jS
● Chin, Gail, 'The Gender of Buddhist Truth: The Female Corpse in a Group of Japanese Paintings,' Japanese Journal of Religious Studies, Vol 25, No 3/4 (1998), 277-317
http:// bit.ly/2moYFCi

11 安息禮拜堂——修女也瘋狂

● McCarthy, Jenny, *Love, Lust & Faking It: The Naked Truth About Sex, Lies, and True Romance,* HarperCollins Publishers (2010)

國家圖書館出版品預行編目

我的解剖人生 / 卡拉 . 華倫坦 (Carla Valentine) 著 ; 葉旻臻譯 . -- 初版 . -- 新北市 : 木馬文化出版 : 遠足文化發行 , 2018.09
面； 公分
譯自 : Past mortems
ISBN 978-986-359-588-5(平裝)

1. 解剖學 2. 殯葬業 3. 死亡管理

489.67 107013845

我的解剖人生：與死亡為伍的生之體驗

Past Mortems: Life and death behind mortuary doors

作　　者：卡拉・華倫坦（Carla Valentine）
譯　　者：葉旻臻
執 行 長：陳蕙慧
責任編輯：李嘉琪
封面設計：白日設計
內頁排版：陳佩君
行銷企劃：闕志勳
社　　長：郭重興
發行人兼出版總監：曾大福

出　　版：木馬文化事業股份有限公司
發　　行：遠足文化事業股份有限公司
地　　址：231新北市新店區民權路108-2號9樓
電　　話：(02) 2218-1417
傳　　真：(02) 2218-1009
Email：service@bookrep.com.tw
郵撥帳號：19588272木馬文化事業股份有限公司
客服專線：0800221029
法律顧問：華洋國際專利商標事務所 蘇文生律師
印　　刷：呈靖彩藝有限公司
初　　版：2018年9月
定　　價：360元
ISBN：978-986-359-588-5
木馬臉書粉絲團：http://www.facebook.com/ecusbook
木馬部落格：http://blog.roodo.com/ecus2005